建筑风景画技法

巧妙运用拼贴、色彩和肌理

GRUPPO IN
Via Taglio
Tel. 041.43
SANPAOLO
VENEZIA
Allarme
TERVISTA / Renzo P
LE IMBOTTITI s.r.l.
MIRANO (Venezia)
995 - Fax 041.432732
per fine 2008
MBer.

建筑风景画技法

巧妙运用拼贴、色彩和肌理

[英] 迈克·伯纳德　罗宾·卡邦　著
艾红华　译

广西美术出版社

致 谢

衷心感谢罗宾·卡邦（Robin Capon），他的洞察力和奉献精神促使我将思考转译为高度专业和简洁的文本。

我还要感谢摄影师米歇尔·福卡尔（Michel Focard）和约翰·安多（John Andow），他们为我提供了大部分图像。

此外，我要感谢许多画廊展示了我的画作并给予我极大的支持，特别是每一个购买了我作品并激励我继续创作的人。

迈克·伯纳德

注意：除另有说明外，书中所有绘画都是使用拼贴画、丙烯颜料、丙烯墨水和油画棒等综合材料制作的。

扉页一： 翁布里亚区风景
（*Umbrian Landscape*）
板上综合材料
58 cm× 76 cm

扉页二： 五渔村的乡村商店
（*Village Shop, Cinque Terre*）
板上综合材料
42 cm× 35 cm

右图： 莱姆里吉斯的海港台阶（局部）
（*Harbour Steps, Lyme Regis*）
板上综合材料
46 cm× 46 cm

目 录

引言

以我此前的从教经历，以及作为一个艺术家的自身认知，我认为绘画最难之处就是寻找最适合自己的表达方式。每个艺术家对世界的看法各异，这应该体现在独特而个性化的作品中。

我们都从学习某些技巧开始，并且准确地描绘出我们面前所看到的东西。这很公平，因为素描和色彩的基础技法之养成无可替代，且终须达到一种可靠程度。但是，我们如何进一步发展，增加那种让我们的工作超越寻常个性的火花，使之脱颖而出呢？

本质上，一件作品的形式和冲击力受到两个因素的影响：我们的绘画哲学（我们认为是绘画中的重要品质）和实际问题（我们选择使用的材料和技术）。习得以传统方式作画，许多艺术家便感觉很难摆脱这种方式。但是根据我的经验，你现在必须花时间和精力重新审视哲学和技术，以便找到一个

下图：迈克·伯纳德（Mike Bernard）在他的工作室

适合你个人表达的范围，并使挑战和成果达到良好平衡的绘画过程。

从我上大学的时候开始，我一直觉得，创作一个完全忠于场景，或描绘一个鼓舞人心的形象远非作画目的，作画的目的是创作一幅有趣的画。我的意思是，完成的作品应该是令人兴奋的，并且具有整体的流畅性和感染力。当然，这并不一定要排除某种特定的场景感，而是会强调个人的诠释，并且

上图：皮滕威姆的渔船
（*Fishing Boats, Pittenweem*）
纤维板上综合材料
71 cm× 71 cm

通常简单的绘画是最成功的。我一般有限度地使用绘画和拼贴技术。

会受到绘画过程中发生的事情的影响。

创造你自己对主题的理解，以及克服你必须总是产生相似性的信念，是我在本书中鼓励的。我认为，这是一种对绘画至关重要的实践，因为绘画的理由当然是表达你对事物的思考和感受。而且，正如我所建议的，这与你使用的材料和技法本质上是相关的。

当我还是一名学生时，我对自己画中缺乏原创性和感染力感到不满，我发现解决方案是设定限度。从本质上讲，限制允许自己使用的材料和创作过程，反过来，一定的限制创造了挑战并鼓励更直观、更富有表现力的绘画。在我看来，简单的绘画通常是最成功的：它们具有更多的生命力，并且因为它们没有淹没在画面的细节中，所以观众有发挥他们想象力的空间。多年来，我一直控制自己使用颜色的种类，使用绘画和拼贴技术的组合，这使绘画创作更加愉快和成功。希望这种方法可以帮助你更好地自由表达。

你开始绘画的方式会对最终的绘画效果产生巨大的影响。普遍的趋势是做过多准备，或者从过于固定的目标开始。通常，空白白纸或画布表面是另一个抑制因素。正如本书后面部分所讨论和演示的那样，我喜欢以一种相当自发的方式开始，也许是随机抽象的颜色和肌理形状。这具有非常自由的效果，并鼓励我继续自由地创作，同时尊重绘画本身的要求。而且，虽然我会想到一个特定的地方或场景，但我从不允许它主宰绘画进程。我所追求的，同样也是我希望能够在你的工作中激励和帮助你的，是一种忠诚于自己思想并且有感情和自信的方法。

右图：皮卡迪利广场的夜晚（*Evening, Piccadilly Circus*）
板上综合材料
38 cm× 53.5 cm

不是旨在创建一个完全相似的主题，我认为更重要的是这幅画本身很有趣并突显个人的理解。

SANYO
MBernard

MONOL
PER LE
FAI D
GAZEBO

1 起点

所有艺术的出发点都是灵感：这是创造具有信念、感觉和感染力的作品的重要因素。对我来说，绘画的灵感来自我周围环境，特别是来自港口和沿海场景。也许这受到我在肯特郡多佛尔长大的影响，我总是被海岸的颜色、形状、光线和气氛所吸引。我特别喜欢物体的形状相互作用——屋顶、窗户、船、帆、桅杆等。主题、场景感以及从中获得的经验总能激发我的创作欲望。

《梅瓦吉西内港》是我觉得令人兴奋和具有挑战性的主题。 它包含人造的、近乎抽象的形状，在重复形状的过程中，使构图统一和连贯。与此同时，随着形状大小和颜色的对比，图案的形状增加了多样性和趣味性。请注意我如何利用船、桅杆、轮胎和房屋形状作为组成元素。我从未被实际存在的东西拘束：一旦我受到一个主题的启发，我就会根据绘画的需要修饰并阐释它。我有时会添加更多形状，或留白。构图的效果和感染力是最重要的因素，胜过我必须采用的独特技法。

同样，在《在意大利蒙特罗索的购物》中，你可以看到绘画的基本设计本质上是抽象形状的图案——主要是正方形和矩形。像这样的市场和城镇场景是我作品中经常出现的主题，原因与港口相同——它们具有固有的图案、色彩、活力和氛围。

除了灵感，动力也是一个重要因素。找到一个令人兴奋的主题非常重要，但是将它发展成为成功的绘画的动力和决心同样是必要的。总的来说，绘画是一项单独的活动，需要更自律和坚持。通常情况下，一幅画会激励你或者很自然地引导其他想法，而这本身就是一种强大的激励力量。而且，正如我所发现的那样，举办作品展览会的最后期限也是鼓励画家坚定不移地将思想凝聚起来，成就完美作品的条件之一！

左图：在意大利蒙特罗索的购物（局部）
（*Shopping in Monterosso, Itaty*）
板上综合材料
46 cm× 54.5 cm

下图：梅瓦吉西内港
（*Inner Harbour, Mevagissey*）
板上综合材料
46 cm× 61 cm

我最喜欢的主题包括形状图案，这将赋予整体以多样性和趣味性。

挑战性的想法

每一幅新画都是一个新的挑战，如果主题的一个方面或解决它的方法在某种程度上与以前尝试过的任何方式不同，那么将全面测试你技法的熟练程度和独创性。在我看来，这是每幅画中应该发生的事情，因为勇于尝试和挑战新的想法、技术、颜色混合等，将带来越来越自信、多变和成功的作品。

我随时准备尝试不同类型的主题和方法。例如，现在我住在德文郡埃克斯穆尔的边缘，农场提供了一个新鲜的主题——见《埃克斯穆尔农舍》。然而，除了绘制全新的主题外，我还喜欢重新诠释我已经使用过的技法。例如，我以这种方式绘制了一些伦敦场景。我抓住了这个主题的精髓，尝试不同的构图、配色方案或画面的氛围。

下图：埃克斯穆尔农舍（*Exmoor Farmhouse*）
板上综合材料
35.5 cm× 48 cm

我一直在寻找新的主题，自从搬到北德文郡后，我开始探索农场的潜力，作为绘画的另一个不同且具有挑战性的起点。

上图：爱尔兰沿海农场

（*Coastal Farm, Ireland*）

板上综合材料

46 cm× 62 cm

我被田野的图案以及人造和自然形状的对比所吸引而创作的主题。

此外，有时候一个想法的首次创作不能像我想象的那样好，因此我使用不同的方法和侧重点再次尝试。或者，在我画画的时候，我开始意识到这个主题的其他可能性，这就是基于相同主题的不同类型的创作。事实上，这是我觉得最令人兴奋的绘画方面之一：你永远不知道会发生什么，或者什么时候你会创造一个新的，特别有趣的肌理、画面效果或其他有助于提升你的知识和经验的品质，并进一步鼓励你尝试新的挑战。

形状、色彩、肌理

根据我自己的创作经验，如果你的作品中没有考虑到作品的焦点或创作的方向，那么很难取得成功。当时我会感到沮丧和失望，因为无法完全达到我想要的那种效果和工作方式——它受到惯例的限制，并且局限在某种惯性的方式工作中。我想克服对主题现实的固有关注，从而创作更个性化和有趣的绘画。

我发现，答案是保持每幅画的某些参数，并设定明确的目标。为了顺应绘画的发展方式和创作中发生的状况，很容易忘记你的创作意图，转向不同的方向，这可能导致混乱和完成的绘画缺乏连贯性。相反，为了画面获得视觉冲击力，你必须牢记你最初的目标并在作品中实现。

当然，随着绘画的进展，绘画总是需要不断进行调整，并且你希望利用偶然的肌理和绘画过程中可能发生的“快乐意外”。但同样，应该根据你的创作目标来做出相应的决定。对我来说，要考虑的基本要素是形状、颜色和肌理。我希望每个元素都能独立工作——例如，形状很有趣并创造出动态的构图——但同样地，为了产生连贯和成功的绘画，它们必须相互补充。

上图：克佛拉克海港台阶
（*Harbour Steps, Coverack*）
板上综合材料
47 cm× 61 cm
就像这里一样，颜色和肌理作为绘画的基本元素，它们必须独立作用，但也要相互补充。

一般来说，我觉得如果抽象形状不复杂，绘画效果最好。我认为如果你最初用尽可能少的颜色，那么它有助于在绘画中创造一种统一的感觉。此外，我发现可能只有两种颜色的选择时，使我受限于主题中实物存在的颜色。因此，如果我选择了带有棕 / 红色的蓝色，它不仅可以帮助我更有表现力地使用颜色，还可以自动地在绘画中引入自己的情绪与和谐感。反过来，这鼓励我兼用拼贴和肌理，因此产生具有更抽象品质的作品。

视觉与构图

绘画的内容和构图显然是从一开始就要考虑的非常重要的方面，在我看来，在这一过程中，选择焦点或趣味点是最重要的决定。找到一个绘画主题之后，我总是从计划焦点的位置着手。它可能是一个遥远的房子、一个人物，甚至是光线、颜色或肌理的戏剧性通道。为了确定焦点，我有时会使用纸板取景器来构建我想到的主题，这样我就可以更清楚地评估主要形状之间的关系。

一旦开始绘画，我很少移动焦点的位置。但是，根据绘画的发展，我可能会改变它的大小、形状或颜色，甚至改变它本身的属性。例如，开始时焦点是一条红色的船，由于考虑绘画中的其他因素或者可能是一个“快乐意外”，我或许会决定将它变成闪亮的光线。做出这种决定的信心和能力是从经验积累中逐渐发展起来的。

事实上，当我们第一次开始绘画时，就会对所看到的东西有一种非常忠诚的倾向：我们觉得有必要尽可能准确描绘所有内容并匹配颜色。然而，我们很快就会发现，在构图方面，这并不是一种好的做法，因为如果它要成为具有原创性和影响力的形象，那么通常必须将绘画内容和选择元素进行组织。

但是在做出关于选择和简化的某些决定之后，再决定如何处理已经进行改动的那些区域时可能存在问题——如果你选择舍弃基本主题的内容，你用什么代替它？

同样，经验有助于解决这些问题。如果我需要简化某些领域的内容，因我对表面处理效果感兴趣，我常专注于对颜色或肌理效果的适当处理。以同样的方式，如果我觉得组成的某些部分应该更令人兴奋——也许是一个大而空的前景区域——我可能会引入一些拼贴画或类似的趣味技法。通常，简化和保留的主要区域是组合物边缘周围的区域。它有助于使边缘不那么“繁杂”，以便观众的兴趣点包含在绘画中，而不是将目光吸引到外面。其中一些技巧在《茅斯霍尔的港口和屋顶》中进行了演示。注意左边的空白前景区域是如何通过使用肌理和颜色变化来活跃的，以及如何简化用色，并将感兴趣的主要区域集中安置。

下图：茅斯霍尔的港口和屋顶
（*Harbour and Rooftops, Mousehole*）
板上综合材料
51 cm× 65.5 cm

一般来说，我喜欢使用简化的调色板，将主要感兴趣区域集中在绘画的中心。

地点

虽然我不会长时间待在这些地方，而且我经常对所看到的主题进行彻底的改变，不过我创作的灵感通常来自我去过的地方。我最喜欢的地方之一是康沃尔郡。几年前我们在那里度过了第一个家庭假期，此后定期来访。我特别喜欢康沃尔郡的小渔村和港口，因为它们具有我喜欢在绘画中表现的所有元素——形状、颜色和肌理。

同样，在意大利和法国南部，吸引我的是港口和市场。虽然我并不是非常喜欢大城市，但伦敦依然激发了我的很多灵感，当我还是皇家学院的学生时，我对伦敦的许多地方都非常熟悉。我特别喜欢小镇和港口的建筑物、公共汽车、船只等场景中各式各样的形状和充满潜力的色调。

下图：锡耶纳房顶（*Siena Rooftops*）
纤维板上综合材料
66 cm× 91 cm

这里，屋顶有重复的形状，为构图提供了节奏与和谐。

上图：伦敦博罗市场内部
（*Interior of Borough Market*）
板上综合材料
35.5 cm× 51 cm

市场一直是我最喜欢的主题之一，特别是当它有强烈的结构感和各种自带的抽象品质时。

令人兴奋的地方

虽然我重视新地方带来的灵感，但我知道回归熟悉的地方获取更多的知识和欣赏能力同样具有优势。当我故地重游时，我常常感到惊讶，发现它看起来如此令人兴奋，与我记忆中的不同。当然，根据一年中的季节，一天中的时间、光线、天气等情况，与我之前绘制的相同场景呈现出截然不同的氛围和印象。返回熟悉的地方并体验其不同的情绪是非常鼓舞人心的，我完全理解保罗·塞尚、莫奈和其他艺术家如何能够多次回到类似的主题而不会失去成品画中的活力和表达感。我想，是因为人很容易忘记事情，其实这些地方是多么鼓舞人心啊！

在绘画之旅中，我制作草图，拍摄照片并收集所有必要的信息，以便以后在工作室中处理一系列绘画问题。但是，除了这些有计划的旅行之外，有时候，我发现自己在某个地方激发了绘画的想法但身边未携带任何画材，在这种情况下，我只能依靠照片或记忆。《雨中的特拉法加广场》就是以这种方式构思的。我曾在伦敦，当时没有携带任何素描材料或没有任何激发创作灵感的场景。但是当我遇到这个非常大气的场景，所有的遮阳伞和潮湿的路面时，我知道这是我必须画的东西。

与我的大部分画作相比，其中的氛围主要通过技巧来实现，在这幅画中，我更多地希望重新获得实际的场景感和感受。主要的挑战是如何表现湿滑的、反光的路面，而非太拘泥实景的描绘。这是我以前从未尝试过的效果，但画这幅画与我平时的创作方式契合，丙烯颜料的加湿应用为主要的创作方法。

还有画作《巴克斯·米尔斯的冬季之光》，起点是一张照片——一张非常糟糕的照片——但与《雨中的特拉法加广场》相比，此画重点在于演绎而不是表现我在实际场景中的观察和体验。我从不让照片决定我应该如何使用形状和颜色，对于这幅画，我保持画面的灰色调，专注于光线的效果，特别是在屋顶上，传达一种寒冬凛冽的氛围。

左图：雨中的特拉法加广场
（*Trafalgar Square in the Rain*）
板上综合材料
51 cm× 71 cm

现场并不总是可以制作足够的草图，因此要尽量培养良好的视觉记忆。我从照片和想象中描绘了这个主题，并回顾了我自己对场景的体验。

下图：巴克斯·米尔斯的冬季之光
（*Winter Light, Bucks Mills*）
布上综合材料
61 cm× 61 cm

如果从照片开始，我从不让它决定我应该如何演绎这个主题。在这幅画中，我想创造一种特殊的光效。

上图：波尔佩罗的红色渔船

（*Red Fishing Boat, Polperro*）

布上综合材料

76 cm× 101.5 cm

在创建强大的组合时，选择和简化常常是该过程的重要部分。

主题和潜力

在开始绘画之前所需的准备和计划是个人判断的问题。一些艺术家喜欢将绘画的构图、配色方案和类似的关键方面在开始之前得到很好的解决，而另一些艺术家则喜欢更自发的方法。根据我的经验，最好的方法通常介于这两者之间：你需要做完善的计划，使你能够自信地工作，并有明确的目标，如果没有做好充分准备，绘画便没有什么可以探索的，随之而来的结果是画面看起来乏味而且缺乏灵动感。

实际上，计划从对主题的初步评估开始，以及你是否认为它有可能制作出令人兴奋的画作。 主题并不一定是完美的，但可能具有一定程度的简化或创新，将为个人演绎提供空间。我倾向于具有强烈的潜在抽象品质的主题。

例如，在《波尔佩罗的红色渔船》中，该构图依赖于由不同尺寸的正方形和矩形组成的图案效果，其通过极大地简化主题、船和建筑物内的主要形状而制成。而且，正如你所看到的那样，在画中我也利用这些形状大小的对比来创造出一种深度和空间感。通过这种绘画，你可以用剪影和重叠形状的方式来增加画面的趣味性和活力。还要注意它是如何只需要在绘画中提供可识别形式的暗示——这件作品中的绳索、桅杆、窗户和烟囱——使其具有现实感。波尔佩罗是我非常熟悉的地方，因此我不再局限于忠实的表现。对场景的熟悉程度可以帮助我更自由地创作。

我在《市场摊位》中采用了更加图形化的方法，使形状变平并给画作带来了相当抽象的感觉。同样，形状被简化，并且基本上该设计基于矩形块或分区的考虑布置，允许不同肌理的铺设。当然，由于我的工作方式，同时可能有二十幅画作正在进行中，因此从一幅画到另一幅画的想法之间的过渡——也许是使用特定的颜色，或者像这里一样，采用剪影的形状。我的工作过程受到以下情况的影响：在某个阶段，每幅画都必须保持干燥，当这幅画需要晾干时，我会去创作另一幅画。

下图：市场摊位（*Market Stall*）
板上综合材料
15 cm× 30.5 cm
有时我通过简化和平涂的方法来设计其中的主要形状，为绘画引入更抽象的效果。

草图

如今，当拍摄大量数码照片变得如此容易时，人们很容易认为素描是不必要的了。当然，照片可能会有所帮助，特别是如果它们仅用作创意的指南或起点，而不是用于复制的东西，照片只会陈述事实。然而在草图中，你可以准确记录绘画可能需要的关键参考信息。事实上，草图的价值既在于作品——完成的图纸和它告诉你的东西——又在于体验，因为你花时间观察和思考主题，所以你的知识和理解将增强草图中表达的信息。

最初，草图绘制的方法往往受到对准确表示的关注。例如，在我的职业生涯开始时，我有时会花两天时间绘制一些东西，而且就像《农场机械》那样具有分析性。但是，虽然信息非常丰富，但我发现这些图纸无法画出来。我需要更快地创作，更加专注于那些有助于任何后续绘画的参考材料——特别是对构图和重要形状的关注。事实上，当我和家人一起去康沃尔度假时，我被迫快速完成草图，所以渐渐地，我开发了一种形成我现在的绘画风格的方法。

右上图：波尔佩罗（*Polperro*）
墨盒纸上水溶性铅笔画
41 cm× 51 cm
在我现在的大部分草图中，我都专注于形状之间的关系。

下图：农场机械（*Farm Machinery*）
墨盒纸上铅笔画
48 cm× 63.5 cm
最初，为了提高观察力及绘画技巧，最好以一种合理分析的方式进行绘画。

下图：抽象的市场（*Abstract Market*）
墨盒纸上铅笔画
41 cm× 30.5 cm
　　与《农场机械》相比，在这幅图中，我专注于抽象形状和肌理的潜在表现力。

基本参考

当我画草图时，我心中已想到了整幅画，通过仔细观察主题，我专注于关键形状之间的关系。我偶尔使用的一种素描技术是连续画线。这是一种特别好的素描技术，可以理解形状的平衡和排列，防止草图变得过于烦琐。在开始绘制之后，连续线技术可以保持铅笔从一种形状移动到另一种形状，而无须停止或提起铅笔直到草图完成。

因此，我可以通过绘制汽车轮廓开始草图，然后继续绘制门口的位置、建筑物的侧面，等等。通过这种方式，我非常了解构图中的垂直线和水平线，这些线相交的交汇点以及形状之间的空间。另一个有用的技巧是仅绘制对象之间的抽象负形，而不是对象本身形状。同样，这激发了我对形状及其关系的关注。

《抽象的市场》是使用连续画线技术的探索性草图，而《波尔佩罗》是我的外景画草图中更典型的，它们大多是线性的，是对画面抽象品质的练习。

画草图的媒材和方法

我的大多数草图，是在 A3 或 A4 写生簿中使用铅笔画成。通常，我为每个主题制作多幅草图，这使我可以选择不同的效果，从而为构图提供备选方案。我不担心是否存在“错误”，因为草图的目的是为了获取信息。一般来说，我更喜欢用线条和色调而不是颜色画草图，因为这使我在开始绘画时可以更自由地使用颜色。此外，通常在现场工作时没有时间使用颜色。

然而，偶尔我会做彩色草图，例如，如果我认为某些颜色或整体色调对于我想到的绘画成功至关重要时。还有一些时候，我只想画草图，因此将草图作为一个图像本身，而不是仅仅将其视为一种参考形式。我的各种彩色草图媒材包括油画棒、丙烯墨水、水溶性铅笔和水彩颜料。

我经常使用油画棒为我的综合材料画作添加肌理和细节。作为草图媒材，油画棒的优点是可以遮盖铅笔，如《朴次茅斯市场》所示。这幅草图是在略带肌理的非水彩纸（冷压纸）上制作的，很适合用油画棒，能增强破色的肌理效果。我从用铅笔开始，然后在完成草图之前添加了色块，还有更多的线条和用铅笔制作的阴影。

下图：朴次茅斯市场（*Portsmouth Market*）
油画棒、铅笔、非水彩纸
30.5 cm× 40.5 cm
油画棒是我推荐的另一个有趣的画草图的媒材。

左图：圣玛丽市场

（*St Mary's Market*）

蘸水笔、印度墨水和水彩画、非水彩纸

30.5 cm× 40.5 cm

我在湿纸上画，立即产生非常大气的效果。

左图：汉普郡巷

（*Hampshire Lane*）

蘸水笔、墨水和水彩、非水彩纸

30.5 cm× 40.5 cm

正如我在这幅画中所做的那样，你可以用蜡烛、留白液和水粉等材料制作出许多令人兴奋的肌理。

上图：埃姆斯沃思的余晖
（*Fading Light, Emsworth*）
蘸水笔、黑色和棕褐色丙烯墨水、非水彩纸
30.5 cm× 40.5 cm

在这个草图中，我开始用清水喷洒纸张。虽然表面仍然潮湿，但在用笔和墨水绘图之前，我添加了基本的染色。

我最喜欢的素描技巧之一是用蘸水笔和湿染。我喜欢这种情况：它使你能够将特定绘制的形状与草图中的环境和氛围结合起来。而且，我使用的是非水彩纸，因为这种技术，我通常会从大片颜色区域开始湿染，然后我用蘸水笔和一些黑色印度墨水或彩色丙烯墨水快速绘制。有时我先喷湿纸张——使用喷雾器——产生轻薄的空气效果。《圣玛丽市场》就是使用这种技术的一个例子。

同样地，《埃姆斯沃思的余晖》一画，我是在湿纸上创作的，画出了朦胧、弱光的效果。在这里，湿染色是由非常稀释的丙烯墨水制成，保持几乎单色的灰棕色调。笔线添加了必要的绘图和定义，就像它们在《汉普郡巷》中所做的那样，在其中我引入了白色水粉、留白液和蜡烛来创造不同的肌理。

构图研究

完成在实地的草图创作回到工作室后，我的下一个阶段是决定哪些想法最有希望成为综合材料绘画的主题。我依次看草图，对于我感兴趣的每一个草图，我都会做一系列小型研究。如下图所示，只使用主题的主要元素，我尝试不同大小和形状的绘画，以及探索如何创建最有效的构图。我可能决定只关注在实地所绘的草图的一部分并从中开发一幅画，或者以某种方式发散原始的灵感。

当我准备展览时，这个过程特别有用。它帮助我规划展览的整体内容和安排，并在必要时设计适合特定主题的内容。我从一系列小幅草图中挑选出既反映我的想法又适合创作展示的两三张图片，顺便说一下，我通常先关注的是这些更具挑战性的画作。此外，我在进行成分研究方面有一个实际的优势，因为我能够判断我需要准备的绘画板的数量、大小和形状。

下图：构图研究（*Composition Studies*）
墨盒纸上纤维笔画
30.5 cm× 46 cm
在工作室中，我通常首先制作一系列简单的草图来探索不同的构图想法。

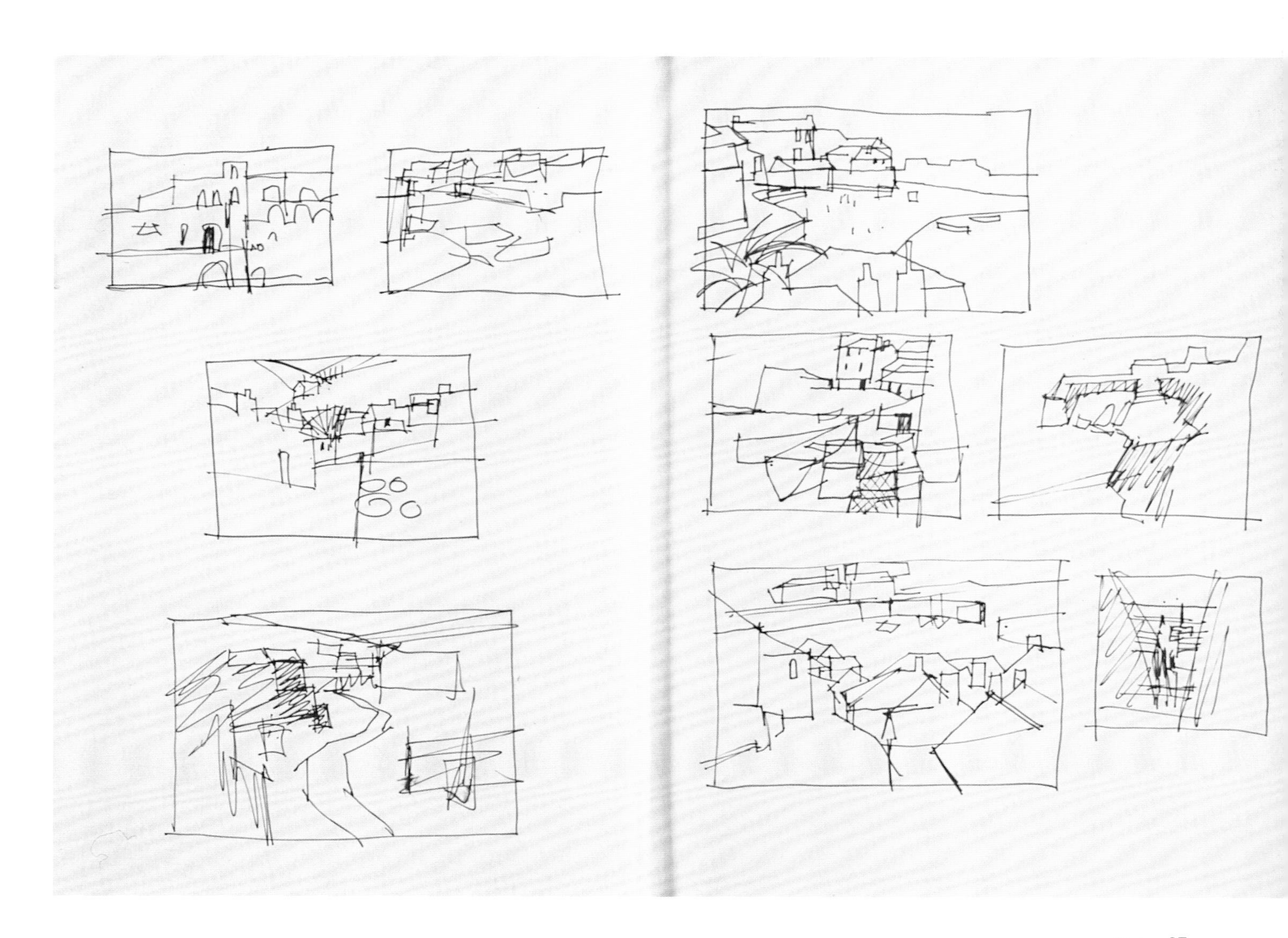

5 KNOTS

初始形状

当我开始绘画时，小草图最有助于展示构图中的分歧——主要的垂直、水平线条和形状。在草图中，这些元素大大简化，看起来非常抽象；但是，如当在绘画中形成强烈的垂直线时，它可能会被看成是船的桅杆或建筑物的侧面。不过，我只把草图作为引导，从不在板上或卡纸上开始特定的绘图。

当然，工作方法各不相同。一些艺术家喜欢从草图开始仔细绘制，并且随着绘画的发展，他们会精确地保持这种设计。从本质上讲，这种方法将取决于绘画的目标，以及任何能够使绘画成功的信心。就个人而言，我喜欢保持创作开放，这就是为什么我通常从撕裂拼贴画开始而不是从草图下笔。而且，我宁愿在绘画过程中根据需要解决问题，而不是依赖于详细的预备性研究。

左上图：草图（*Sketches*）
墨盒纸上粉笔、蜡笔和铅笔画
20 cm× 15 cm 和 18 cm×25.5 cm
偶尔，我会进行一两次对颜色的快速研究，以感受我可能使用的整体内容和构图。

左下图：希腊群岛斯基亚索斯岛（*Skiathos, Greek Islands*）
板上综合材料
30.5 cm× 46 cm
我经常使用带有丙烯墨水的蘸水笔给绘画添加必要的清晰度。

右图：茅斯霍尔的海港墙（*Harbour Wall, Mousehole*）
板上综合材料
38 cm× 19 cm
在这里，笔线把一切连成一个整体，赋予作品意义和趣味。

绘画和构图

构图——主题的选择及其在画面内的排列方式——是绘画过程中最重要的方面之一。 如果基本结构较弱，就不会产生视觉上有趣和连贯的设计，那么，无论画面如何巧妙地绘制，其影响都将大大降低。对我来说，构图基本上是关于比例和分割，特别是水平、垂直形状和线条的关系以及它们相遇和交叉的地方。此外，在构图中，我认为重点考虑“繁忙”区域和“安静”区域的平衡。

有时我使用相当复杂的垂直线和水平线排列，例如《沃尔伯斯威克码头》。在这里，为了适应内容并产生最好的效果，我觉得这个主题需要一个长而水平的构图。事实上，为了创建码头的框架，我在背景区域添加了线条，用卡片浸在黑色丙烯墨水中。但同样地，当我创造出这种相交的垂直和水平线的结构时，我意识到了负形。在任何构图中，将主要形状之间的空间视为设计的组成部分始终是重要的。通常负形会增加构图的能量和张力。

在构图中，就像在绘画的各个方面一样，直觉和个人偏好通常起作用。但无论采用何种方法，成功的构图总是取决于将关键元素放在正确的位置并创建有效的对比和形状平衡。 因为我喜欢以不受拘束的方式开始我的绘画，用拼贴、颜色的洗染、构图演变而不是遵循单一的设计。然而，值得注意的是，在我的大多数成品中，我最终构成作品中的主要部分的方式有一些相似

右图：比尔海边的躺椅（*Deckchairs, Beer*）
板上综合材料
38 cm× 56 cm

有趣的是，我的大多数作品都是基于黄金分割法则。例如，请注意我在此画中安排的水平线的位置，以及悬崖边缘的位置。

右下图：博罗市场（*Borough Market*）
布上综合材料
71 cm× 71 cm

方形格式对于某些主题是理想的，特别是在这里，水平和垂直元素之间比较有戏。

下图：沃尔伯斯威克码头
（*Jetty, Walberswick*）
板上综合材料
35.5 cm× 68.5 cm

绘画的大小和形状是需要考虑的重要方面。对于这个主题，我觉得长而水平的构图效果最好。

之处，而且这些部分基于黄金分割法则。

自文艺复兴时期以来，黄金分割比例对艺术家产生了极大的影响，激发了他们的兴趣。它是在自然界中被发现的比例，并且通常被认为具有美学上固有的令人愉悦的品质。黄金分割比例约为 5 ：8，它通常应用在艺术中，被理解为约等于三分之二。事实上，艺术家经常将这一比例称为“三分法则”。当应用于构图时，“三分法则”将图像区域（纵向或横向）划分为三分之一到三分之二。例如，在风景画中，这可能和天空与陆地的比例有关。通常情况下，绘画中焦点的位置是本能的或刻意设计的，并且考虑到“三分法则”原则，因此树木、人物或建筑物的边缘可能放置在图片区域的大约三分之一或三分之二处。

上图：威尼斯的风情（*Washing, Venice*）
板上综合材料
37 cm× 51 cm

为了增强构图的趣味和连贯性，我经常在画作中使用“接龙”线条，就像在这幅画中的垂直杆和它们的映射一样。

专注和兴趣

成功的构图将使观众的注意力保持在画面上，并且将观众引导到特定的兴趣点上。在我看来，这不需要阻止绘画暗示在图片区域之外存在某种相关或附加的事物，只要构图本身作为连贯的图像保持在一起。例如，在《沃尔伯斯威克码头》中，趣味包含在绘画中，但与此同时，我们不禁想到码头的其余部分，超出了绘画的右边缘。这种谋略感可以增加设计中的动感和张力。

规划构图涉及各种技能，其中最重要的技能之一是能够专注于主题的最有用元素，并将这些三维形式转换为基本的二维形状。这是许多缺乏经验的艺术家难以找到的构图的一个方面。我的建议是花一些时间来评估主题，然后从你观察到的，通过连续的小草图探索其潜力——在设计和平面图案的使

上图：康沃尔港小屋
（*Cornish Harbour Cottages*）
板上综合材料
35.5 cm× 58.5 cm
形状、颜色和肌理各自在创造成功，在连贯的构图中发挥作用，让观察者的注意力保持在图片区域内。

用以及形状的关系方面。作为检查构图是否有冲击力的另一种方法，是尝试将草图上下翻转或将其视为镜像。这是我在画画时偶尔会做的事情：我喜欢从意想不到的角度看这幅画，这有助于我决定作品是否有趣且视觉效果强，或者我是否需要做出任何调整。

贯穿始终的线是另一个可以增加构图意趣和连贯性的功能。例如，在《威尼斯的风情》中，两极和墙壁的映射有助于将绘画的下半部分与其余部分联系起来。通常在一幅画中，我会延伸一条垂直线——也许是墙的边缘——向上或向下，以在构图中创建一个后续。使用综合材料，可以在绘画过程中的任何阶段进行这样的调整。同样地，如果一幅画的一部分变得太“热闹”，有可能破坏作品的整体画面效果，我会混合一些比较厚的不透明颜色并将其涂在该区域上以简化它。我经常以这种方式简化天空，使其成为一个相对安静的区域。

In many regions of Africa, bushm
30 per cent of the population's a
Some species face extinction. B
animal rights issue? FRED PE
It's the feeling inside.
Greatest hope an
The new Coroll

创作示范

《康沃尔郡的卡瓦镇》

灵感

灵感来自形状、颜色和肌理，并从定位草图发展而来，我喜欢这幅画的创作方式。在康沃尔郡的卡瓦镇的场景中具有最吸引我的所有元素：重复的形状，特别是屋顶的形状，因此在构图中有节奏和图案效果的潜力；颜色激励有限的调色板方法；并且，由于前景海岸、海墙、建筑物等的不同肌理，我有机会探索绘画中令人兴奋的表面肌理。

技巧

在现场，我画了素描草图并拍了一些照片。然后，正如你所看到的那样，我研究草图，探索构图的方式。我使用了各种相交的垂直线和水平线，创造了“+”和“T”形状的重复。我使用有限的冷色调和暖色调。想要自己演绎并增加绘画的影响，不必使用实景中所看到的颜色。我觉得橙红色的天空适合表现我心中的情绪。

像往常一样，我开始用拼贴画来创造一种开阔的构图。接下来，我添加了颜色的湿染稀释，并开始创造不同的纹理。大多数底层肌理是通过使用带有白色丙烯颜料的小型滚筒或卡片制成的。然后，使用宽而柔软的上光油刷在这些区域上施加透明色釉。用牙刷添加其他肌理，包括飞溅的肌理效果。最后的细节，窗户的线条、台阶、海港墙等，都是用蘸水笔、白色和黑色丙烯墨水绘制的。

左图：康沃尔郡的卡瓦镇
（*Cawsand, Cornwall*）
纤维板上综合材料
61 cm× 86 cm

INGE
DI SERIE A
azione con

2 兴趣和影响

在我看来，最好的画作不仅仅是艺术家观察到的某种巧妙的表现形式。相反，它们揭示了个人对主题的反应，与风格和绘画处理一样，这是以个人的方式表达的。成功的画作有冲击力，它们引起了我们的兴趣，给予我们一些原创性和挑战性的东西来观察和思考。当然，有很多不同的方法可以做到这一点：主题本身可能是不寻常的或戏剧性的；对形式元素的处理，如颜色和构图，可能会非常大胆和令人兴奋；并且在使用笔触和开发绘画的表面品质方面有许多不同的方法。

肌理是我作品中最独特的元素。通过肌理的使用，表达了我认为对每个主题都很重要的东西，同时创造出一种有趣和有冲击力的绘画。当我使用拼贴画来阻挡绘画的初始底层形状时，我就开始注重肌理效果。随后，我通常使用带有线印滚筒或卡片的白色丙烯颜料，或与其他媒材一起使用以产生不同的表面效果。我使用的颜色通常很大胆，但范围有限，其次的重要性在于肌理。与《努特卡伯农场》的天空区域一样，我使用的颜色有时与实际颜色无关，这也会增加绘画的冲击力。

左图： 意大利五渔村（*The Cinque Terre, Italy*）（局部）
纤维板上综合材料
38 cm× 30.5 cm

下图： 努特卡伯农场（*Nutcombe Farm*）
板上综合材料
53 cm× 63.5 cm
虽然用色范围有限，但我使用的颜色通常是大胆和富有想象力的。

表现与阐释

虽然我的画作具有强烈的抽象品质，但它们通常基于我观察、写生和拍摄的真实场所和景色。我希望它们与现实保持联系，但同样重要的是，它们反映了我自己对这个主题的思考以及我喜欢的工作方式。因此，在我的大部分绘画中，我都努力在代表性、更具主观性和表现力的方面之间建立平衡。不同的媒材在决定如何表现一个想法方面起着重要作用。我创作的每幅画中，

下图：夏日街景 · 博罗市场（*Summer Street Scene, Borough Market*）
布上综合材料
71 cm× 71 cm
我喜欢将正形和负形与确定区域和抽象肌理进行对比。

素描是这方面的关键因素，当然，当我开始设计轮廓、窗户、桅杆等时，素描是创造抽象与现实之间平衡的最明显因素。

但是，我没有按照传统方法先画素描打底来构图并把自己限定在一个框架里。相反，素描绘图是逐渐引入的，且通常具有一定的约束力。我从宽松、抽象的形状和效果开始，使用我认为最适合创作必要的色彩和质地特性的媒材和技术来完成，这使绘画呈现效果。

上图：西西里岛水果市场
（*Fruit Market, Sicily*）
板上综合材料
51 cm× 61 cm
特别是对于建筑主题，重要的是要有好的参考资料。

从观察开始

我一直喜欢对主题直接观察，在现场制作草图和笔记作为我绘画的起点。绘画是每个艺术家的基本技能；对我而言，绘画和观察是与工作过程密不可分的方面。在绘制图纸时，你将学习如何观察、分析和建立对事物的视觉知识。同样，观察和研究不同形状、色调、肌理等的练习可以帮助你提高绘画技巧。

当我们第一次开始绘画时，自然倾向于瞄准尽可能逼真的描绘。这是有价值的实践，但逐渐地，根据经验，绘图过程可以更集中和有选择性，特别是如果你将绘图作为绘画的参考。通常，在绘图中要考虑的最重要的事情（比捕捉细节和现实主义更重要）是诸如形状之间的空间、色调值、不同对象的相对比例以及构图的关键元素等特点。

例如，你可以看到这些品质如何与《夏日街景·博罗市场》和《西西里岛水果市场》中的最终绘画相关。在这两幅画中都有一种尺寸意识和正形与负形的相互作用。但有趣的是，在诸如此类的建筑主题中，对建筑物进行准确的参考也是必不可少的——因为如果建筑物看起来不那么令人信服，那么这幅画将失去其可信度。照片可作为创作参考。

对比和强调

尝试完全解读某些东西的危险之一是它会导致一幅非常“繁忙”的画作，没有强烈的焦点或冲击力。最成功的绘画具有固有的视觉连贯性，因为内容和构图作为一个有趣的、综合的整体，但同时它包括对比和强调的领域。通常这些区域最能使绘画活跃起来并赋予它特定的目的和意义。

无论主题是什么，如果绘画要有效地运作，必须有一定程度的选择。对任何绘画做出的一些最重要和最有影响力的决定是关于主题的哪些特征要包括，以及哪些要大大简化或者可能完全忽略。此外，在整个绘画过程中必须做出类似的决定——例如，你可能想要在某个区域添加更多细节和重点，或者你可能认为某些内容不必要或过于分散注意力，因此决定将其绘制出来。当接近绘画结束时，我经常以这种方式简化区域，或者在某些东西上涂上一层颜色以减轻它的影响。

简化和选择的过程也可以应用于绘画的其他方面，例如颜色的使用。各种各样的颜色可能会分散注意力并减少想法的影响。一般来说，我保持一个非常有限的颜色范围，注重的是整体画面的质量而不是主题中的实物的本身。用综合材料创作的一个优点是：如果犯错了，我可以使用拼贴画或不透明的丙烯颜色轻松地改变颜色或遮盖形状。

同样，综合材料在简化绘画上有一定的优势。如果我认为某些细节或主题的某些部分是不必要的，我不必担心要包括什么——我可以用综合材料中有趣的肌理或表面效果替换那些区域。 事实上，使用有限的调色板和简化的内容有助于创建更加统一、和谐的构图。这是我创作《爱尔兰暴风雨天空》的目标，我在其中大大简化了前景区域，并依靠非常有限的色调和调色板来增强绘画的影响和气氛。

右图：爱尔兰暴风雨天空
（*Stormy Sky, Ireland*）
板上综合材料
46 cm× 63.5 cm

我发现使用有限的调色板和简化的内容有助于创建一个更统一、和谐的构图。

MBernard

上图：朴次茅斯港（*Portsmouth Harbour*）
非水彩纸上水彩画
56 cm× 76 cm

我的一些画作比其他画作更具抽象性和实验性。尝试不同的主题和解释它们的方法是不错的。

冒险精神

以你工作的方式冒险是非常有价值的，至少偶尔尝试一些比平常不同或更具实验性的东西。或许，正如我所做的那样，你渴望彻底改变你的绘画风格——在这种情况下你可能会发现使用综合材料就是方向。当然，每幅画都是不同的，并且各具挑战性。对我来说也是这样，综合材料提供了以更具表现力和个性化的方式工作的自由，并鼓励令人兴奋的原创结果。在我职业生涯早期，我以非常传统的方式画画。我发现这非常有局限，并没有那么有意义。

我接受综合材料绘画涉及某些风险，但事实上并没有固定的创作方法——因此你可以利用偶然效果，从某种意义上“发现”这幅画，而不是让它符合一个先入为主的观念——这是一个积极的优势。现在，我故意以一种非常直观的方式开始，不让绘画的主题或特定目标决定创作过程。一旦我克服了对轮廓和初始定义的构图的需求，绘画过程就变得更加鼓舞人心和顺利。

开始绘画的通常做法——通过在白纸上工作和制作绘图——可能会非常有害。然而，特别是如果你在制作准确的轮廓和均衡的构图方面遇到了很多麻烦，那么就不愿意做出改变：轮廓成为定义点，不能跨越边界。因此，绘

上图：汉普郡风景（*Hampshire Landscape*）
非水彩纸上水彩画
51 cm× 76 cm

在这里，我偶尔会以完全实验的方式工作，不参考任何图画或主题，依靠偶然效果来提出想法，从中拓展绘画。

画的发展方式从一开始就受到限制，几乎没有改变它的余地。然而，正如我现在所做的那样，从一些大胆的拼贴形状开始，选择则是开放的。

当我教授艺术课时，我曾经鼓励我的学生找到一种替代已接受的概念，即你必须从素描开始，我特别鼓励他们考虑一些处理白纸表面的方法，因为白纸太抑制人了。我总是建议尽快画出草图，尽可能稀释颜料或拼贴。拼贴画可能会暗示绘画的一些主要区域和分区，或者如果使用了湿染，这些可能与某种环境或氛围有关。通常，为了确保绘画的可控性和连贯性，我建议控制颜色的选择——可能只有两三种相似色或和谐的颜色（彼此相邻，或颜色轮的同一部分中的颜色组）。

大多数情况下，正如我所说的，我正在参考一个特定的地方或想法，但现在我脑海中又开始没有任何画面或主题。《汉普郡风景》就是这种方法的一个例子。它是用水彩画的，这使我能够以完全实验的方式开始，例如通过将保鲜膜和泡沫包裹在湿颜料中来创造不同的肌理。其中一些机缘巧合的效果向我暗示出树木的形象，因此我开始将这幅画作为一个风景主题。事实上，虽然我的大部分画作都是从景点素描和照片中发展而来的，但它们总能激发很好的想象力和创造力。

上图： 艾萨克港口（*Port Isaac Harbour*）
布上综合材料
76 cm× 122 cm
大多数绘画都包含抽象的特质——它可能只是一个肌理笔触的领域——即使它们本质上是具有代表性的。

抽象特质

它可能只是一个破碎的颜色或印象的小区域，但在大多数绘画中都有抽象的特质，即使是那些旨在追求高度真实的画作。除了抽象表现主义、欧普艺术和类似的纯抽象形式的绘画，基本上它是简化的程度和绘画表面的处理方式，赋予绘画抽象品质。

从来没有一个有意识的计划在我的绘画中包含抽象元素：它们是因为我喜欢使用有限的颜色种类、简化的主题和各种肌理效果而开发的。然而，我喜欢利用现实主义和纯粹肌理（因此更抽象）的部分在绘画中创造趣味和对比。

迷失与发现

许多艺术家都从一个底色开始，它的颜色和形状简单，看起来相当抽象。正如我所解释的那样，我更喜欢一种允许充足自由的工作过程，特别是在绘画的初始阶段。我也喜欢随着绘画的发展而对机缘效果和想法做出反应的自由，并在必要时做出改变。起初，正如我在《早餐》所做的那样，我通常使用拼贴或颜色的部分，没有特别参考我正在使用的绘图和照片。因此，在这个阶段，绘画没有明确的方向感。我故意避免对图像做出任何坚定的陈述，故意遵循我失去图像的过程，然后通过拓展绘画的综合材料技术去发现新的图像。

在整个绘画的发展过程中，这个"迷失和发现"的过程仍在继续。我可能会决定在绘画的某个部分强调或定义某个对象，或者通过在另一部分进行局部绘画或在其上添加透明釉来压制某个东西。同样地，为了防止方法变得过于挑剔和僵化，我通常使用非常大的刷子、卡片或小印刷辊来施加颜色。请注意《早餐》背景区域的广泛处理，例如，大多数颜色使用 7.5 cm 的平刷，使用醒目的垂直和水平笔触。

这幅画从拼贴开始，然后是蓝色和蓝 / 紫色丙烯墨水，所以起初它有一个非常抽象的品质。然后我开始"发现"不同的物体，经常开发已经由拼贴和画笔的初始区域部分暗示的形状——例如，通过添加喷口并稍微修改区域来制作茶壶，或者通过在负面、周围空间等形成一个形状。与此同时，我考虑了绘画的表面图案——在《早餐》中，在整个设计中使用正方形和矩形，用油彩、拼贴画和油性色粉笔制作。我认为，绘画的整体效果总是很重要的：背景以及更容易识别的物体和区域。

左图：早餐（*Breakfast*）
板上综合材料
49 cm× 57 cm

通常我会在我的绘画中包含以完全自由，富有表现力的方式处理画的部分，并且可能使用滚筒或非常宽的刷子。

表面效果

除非我真的需要，否则我尽量不用笔刷画画，我当然更愿意避免使用小刷子。它们是非常多功能的工具，但是使用笔刷总是诱惑我以某种方式修改绘画表面，也许是为了混合并创造色调和颜色的微妙细微差别，这不是一种适合我绘画目标的方法。相反，我更喜欢使用明显的、独特的标记和效果，因此我选择了可以创造这种结果的工具和方法——调色刀、卡片、滚筒、点彩、压印、耐蚀抗染技术，等等。

有时，意外的表面效果会暗示绘画中特定的特征或品质，例如在《威尼斯》前景区中看到的颜色的跳跃和律动。这些有助于增强水的概念及其反射和波纹表面。此外，这幅画包括左侧的新闻纸的彩色拼贴区域，以暗示石雕，我也使用了包装纸和银箔的对比拼贴肌理。在《波尔佩罗的远景》中，我将保鲜膜压入前景的湿丙烯颜料中创造肌理。

或者，表面效果可以保留为有趣的肌理，从而在绘画中创建抽象的通道；而在某些绘画中，它实际上是导致更抽象结果的主题。例如，《威尼斯入口》其平面立面和门口、窗户形状的正方形和矩形，具有强烈的抽象品质。

下图：威尼斯（*Venice*）
热压水彩纸上综合材料
43 cm× 56 cm

不要害怕让笔触到处运行造成意外的影响。这些对于暗示绘画中的特定特征或品质非常有用，例如本例中发光的水面及其反射。

上图：波尔佩罗的远景
（*Distant View of Polperro*）
板上综合材料
91.5 cm× 122 cm

画中前景肌理是通过用保鲜膜压印湿丙烯溶剂而成。

左图：威尼斯入口（*Venetian Doorway*）
板上综合材料
61 cm× 61 cm

这种设计的简洁性以及有变化的肌理创造了相当抽象的效果。

宗旨和目标

至于《莱姆里吉斯海港台阶》一画，我总是会考虑一个特定的事件或位置，旨在捕捉其特征和活动的一些东西。通常，在创造一种特定环境和氛围时，光是一个重要因素。然而，一般情况下，我感觉没有必要复制参考照片中显示的我记得的旅行位置中的光，我的目标是表现从绘画中散发出来的光线效果，并增加其戏剧性效果。

即使绘画不能取悦于每一个人，它们也应该是动态的并有吸引力的。成功的绘画在某种程度上依赖于准备和计划，但必须仔细判断。而另一方面，太多的计划可能会扼杀最终的结果。与绘画的许多方面一样，成功在于实现自由与控制之间的恰当平衡。

右上图：莱姆里吉斯海港台阶
（*Harbour Steps, Lyme Regis*）
纸上铅笔画
57 cm× 78.5 cm

对于我的位置图，我通常用线条和色调创作而不是颜色。这是因为我更喜欢为主题选择自己的调色板，不受实际存在的颜色影响。

下图：爱尔兰沿海巷（*Irish Coastal Lane*）
板上综合材料
43 cm× 51 cm

无论使用什么主题、材料和技术，在自由和控制之间取得适当的平衡是非常重要的。

下图：莱姆里吉斯海港台阶

（*Harbour Steps, Lyme Regis*）

板上综合材料

46 cm× 46 cm

与原始素描相比，你可以看到我已经大大改变了构图并使用了有限的颜色。

准备

对我来说，在开始绘画之前要考虑的基本因素是构图、调色板以及作品的比例和格式。 我制作了一系列非常小巧、简单的草图来帮助自己做出这些决定。在使用原始位置图和照片作为起点的草图中，我尝试了构图组合，并测试了不同的绘画形状——我可能会尝试裁剪画面或在前景添加更多内容，等等。通常情况下，看到什么会起作用是一个需要反复试验的问题，并通过这样做，达到绘画的有效设计和形态。

我更喜欢画大尺寸作品，但关于尺寸的决定主要取决于主题。全景海港场景是我最喜欢的主题之一，非常适合大尺寸的更具表现力的方法。有时候我会在一块小板上尝试一个主题，然后再以更大的尺寸再次绘制它。相比之下，有时候我决定裁剪实际的绘画——通过从板上切下一个部分来活化作品。一些主题适合方形格式，如《莱斯特广场雨夜》所示，倾向于更加强调垂直和水平分割，以及构图中的抽象品质。

左图： 莱斯特广场雨夜（*Rainy Night Out, Leicester Square*）
板上综合材料
33 cm× 33 cm

绘画的尺寸主要取决于主题。我更喜欢画大幅画，但有时候，比如这幅，较小的尺寸将更合适，以产生最大的冲击力。

右上图： 罗马雨天（*Rain in Rome*）
板上综合材料
49.5 cm× 68.5 cm

特别是使用颜色时，我非常依赖直觉和对绘画做出的主观反应。

右下图： 茅斯霍尔港（*Mousehole Harbour*）
板上综合材料
38 cm× 38 cm

我发现以一种非常自由、放松的方式开始注入自发性和原创性，这种感觉会一直延伸到绘画的完成。

直觉和感受

显然，良好的创作经验在我的绘画方法中发挥了作用，但同样地，我非常依赖直觉及发生变化时产生的主观反应。在绘画开始时尤其如此，基本上我使用的形状和颜色没有缘由或熟思。大多数情况下，在这个阶段，我允许绘画完全自由，我非常喜欢绘画过程中会产生混乱的状态，然后我必须找到某种秩序。

不过，在这个早期阶段，我没有压力，无须担心画面会被损坏。相反，我可以自由地享受直觉和富有表现力的工作，使用大刷子和大胆、自发的色块。对我来说，这种最初的自由和放松的工作方式将精神和力量注入画作中，直到最后。接下来，如果我开始失去自发感，或者绘画的各种元素没有按照应有的方式一起作用，我可能会再次应用一些多变的颜色或拼贴画来帮助恢复作品的能量和冲击力。

CRUSH
Robert Lacey & Dann Danziger Abacus £5.99
THE SCIENCE OF DISCWORLD
Terry Pratchett Ebury £6.99
TWO WOMEN
Headline £5.99

评估

经验、信心和直觉在创作成功有趣的绘画中都起着非常重要的作用。我认为，相信你的直觉对于绘画是有帮助的，因为通常第一个决定是正确的，而质疑决定有时会破坏一个人的自信心。 然而，有时候值得从绘画中跳出来观察，从而采取对其有利的更为批判性的观点。

我使用不同技术和媒材，这意味着不可避免地在不同的阶段，画作必须放在一边晾干，因此我同时创作不同的作品。这样做的好处是：一个想法可以覆盖另一个想法，而且，在一幅画“休息”之后，我会重新看到它，正是这种即时感使我能够一目了然地重新评价作品。

当你全身心沉浸于绘画时，你会非常清楚每一个标记和细节。然而，在离开它一段时间，然后再回看一遍之后，第一反应始终是绘画的整体感、连贯性，这才是最重要的。以类似的方式，有时候当画作从展览中回来时，我有一段时间没有看到它们了，我注意到一些不太合适的东西（我之前忙于绘画时并没有意识到），我会做必要的修改。

如果你对自己作品的评估缺乏信心——当然还有自满的危险，或者过于自我批评——你可以邀请其他人提出意见。选择一个你重视其判断力和建议的人。与此同时，观察其他艺术家的作品也是一个非常有用的思考和灵感来源。看到另一位艺术家有效使用的技巧有时可以让你有信心在自己的画作中尝试类似的方法。

左图：停泊的渔船和渔民的小屋
（*Moored Fishing Boat and Fishermen's Cottages*）
板上综合材料
56 cm× 71 cm

在不同的阶段，绘画必须保持干燥。这样做的好处是，当你回到画作时，你会重新看到它，因此能够重新评估作品并决定下一步。

创作示范

作品《南华克大教堂一瞥》

灵感

由于其内在的建筑特点，这件作品更适宜采用一种再现性表达，与我惯常采用的方式相反，尽管我在这里已经施展了相当多的创意。我开始在现场绘图并拍摄了一些照片。关于这个主题给我留下印象最深刻是市场主体建筑立面上的铁制品精致的设计，以及它后面的大部分建筑结构及大教堂塔楼。然而，事实上，左边的建筑物掩盖了很大一部分市场立面，所以我在对场景的解释中彻底改变了观点和视角。

技巧

一如既往，绘画的表面品质是一个关键考虑因素，我使用各种材料和技术来捕捉我认为重要的效果，尤其是光的影响。我决定强调阳光照射的塔，使用白色丙烯颜料并将此效果与前景中的反射光区域进行平衡。绘画结构基于强烈的垂直线和水平线，尽管在这些地方，直线与各种拱形形状也形成了鲜明对比。

除了在构图中利用光作为连接设计之外，我还使用了一组形状，例如图形和有限的颜色。不同的蓝色调吸引眼球周围的画面，同时创造一种统一感，只是在红色和橙色的形状中被中断，这引入了更多的兴趣点。

右图：南华克大教堂一瞥
（*Glimpse of Southwark Cathedral*）
布上综合材料
61 cm× 76 cm

BORO
GINGER
METRO
london
75
85
90

3 互补媒材

使用综合媒材有很多优点，特别是那些重视绘画中的个性和表达的艺术家。能够利用不同媒材的品质对比，增强创造有趣的色彩和肌理效果的潜力，并产生原创和令人兴奋的绘画。因为肌理始终是我作品中的一个重要元素，所以我喜欢这样一个事实，即综合媒材方法允许我以更直接、更具触觉和成功的方式解释主题中的各种表面品质。

不幸的是，“综合媒材”这个词有时会被误解。对于一些艺术家来说，有一种观点认为，采用这种方法创造成功的结果要困难得多。他们担心，如果采用加湿技术、素描和拼贴等方法，将会涉及棘手的美学和技法挑战。然而，我总是鼓励艺术家尝试用综合媒材创作，当然与任何形式的绘画一样，发展必要的信心和成熟的技能需要时间。

基本上，有两种方法：要么使用水基媒材，可能与拼贴和各种相关技术结合使用，要么保持油基媒材。我经常使用丙烯颜料、丙烯墨水、拼贴画和油画棒。除了他们专注的媒材之外，大多数艺术家都有使用不同媒材的经验，这为尝试组合技术和媒材提供了一个很好的起点。最初，我的建议是尝试用蘸水笔和湿染等技术——使用稀释的墨水、水彩、水粉或丙烯颜料，使用大量的颜色区域，并用铅笔或钢笔添加线条、细节和肌理。了解不同材料的优势和特征的最佳方式是通过实验——让自己有时间与每种媒材“玩”而不会因无法创造特定的结果而感到压力。

左图：收工的红色渔船（局部）
（*End of the Day, the Red Fishing Boat*）
热压水彩纸上综合材料
58.5 cm× 53 cm

拼贴

拼贴是一种奇妙的释放媒介，无论是用于封闭合成的基础形状，还是在绘画开发的后期添加肌理或更具体的形状。它也是一种覆盖需要简化或重新加工区域的有用技术。我使用来自各种纸张表面的撕裂和切割形状，对我来说，拼贴通常是设计和绘画过程中的重要元素。

基础工作

基于我在初步绘图和缩略图草图中探讨的主题和构图，我通常从拼贴开始，经常使用大的块面来帮助建构绘画的初始结构。然而，在这个阶段，形状是非常基本和直观的，尽管特定纸张的角度和位置实际上可能代表设计中的一个重要部分，例如地平线或建筑物的侧面——对于我来说意义明显，但也许对其他人都不那么明显。

我想在这个阶段，以一种非常考究方式创作和随意处置形状之间存在的平衡。 最初，大多数拼贴画是从大而破碎的形状发展而来的——例如，半页报纸。不可避免地，第一张纸的形状和位置会影响下一张纸的位置，因此形状的关系以这种方式变化。在这个阶段，我的创作思维跟随拼贴形状的变化，以完善绘画效果为最终目标。

在外景草图中，我可以看到主题应该是什么样子；在基础拼贴中，我更喜欢从设计更正式的抽象形象开始。通过这种方式，形状提供了我构建现实感的结构。另一种方法是水彩画法，如下图所示。在这里，我使用水彩技法来遮挡白色表面并凸显绘画中的主要水平线和垂直线的分界。或者，你可以拍摄一幅你已经放弃的旧水彩画，并将其作为发挥拼贴或丙烯技术的基础。

左图：通往爱尔兰的海路
（*Road to the Sea, Ireland*）
板上综合材料
19 cm× 28 cm

我在整个绘画过程中使用拼贴画，从基础形状到最终细节、高光和颜色的强调。

上图：从拼贴开始（*Starting with collage*）
热压水彩纸

有时我会将拼贴与主题中的基本形状联系起来，但有时我会更直觉地创作，使绘画的初始阶段保持相当的不确定性。

下图：从色彩湿染开始
（*Starting with colour washes*）
非水彩纸

这是一个令人兴奋的开端。

拼贴材料和技术

可能用于拼贴的纸张和其他材料的范围包括报纸、杂志、薄纸、包装纸、壁纸、不同的手工和艺术纸，以及有其他肌理的、有色的和有趣的表面的材料，例如瓦楞纸、箔纸和织物。在我的工作室里，有大量的各种材料，每种材料都存放在不同的盒子里。

在绘画时，我通常会尝试用一些与主题特别相关的纸张。例如，对于一幅受康沃尔海港启发的画作，我可能会从合适的假日宣传册上撕下形状。在其他画作中，我有时会使用报纸或杂志上的印刷纸张来表示不同的肌理——或是建筑物侧面的砖砌——虽然我非常清楚这应该保持在理性控制之内，否则画面会变得太“繁忙”。无论如何，我认为对比很重要，所以我喜欢用普通纸如棕色包装纸、粉彩纸或白色面巾纸来制造更令人兴奋的肌理表面。

折痕、透明、反光或带有明显肌理的纸张提供有趣的效果。形状可以被切割或撕裂。我更喜欢撕边，因为它更符合我在绘画中的自发性和表现性。我有时会利用报纸或杂志的修剪边缘来表示构图中特定的垂直或水平分割，但我很少真正切割形状，因为这通常会导致轮廓过于僵硬和被界定。

上图：威尼斯粉红屋（*Pink House, Venice*）
纤维板上综合材料
61 cm×61 cm

我喜欢这种方式：拼贴中的底色会影响随后使用的颜色和肌理以产生有趣的变化。

一些艺术家喜欢将所有撕裂和切割的纸张形状放置在纸张或卡片的背面，然后将其粘贴到任意位置。这使得他们可以在设计特定布置之前考虑不同形状之间的关系，并在必要时进行改变。但是，我喜欢更直观、更直接的方法。我从一个形状开始并将其固定到位，然后我添加与第一个形状相关的其他形状。虽然我对位置草图进行了一些参考，但作为一个起点，在这个阶段，我只考虑非常基本的形状和分类。我可能会重叠一些纸张形状，并尽量避免将它们完全平行于绘画纸的边缘。我没有采用太多的直角和平行线，而是喜欢更微妙的角度和对角线。这些在设计中创造了更加动态的品质。

因此，一旦我确定了形状并将其粘到位，我就无法改变它。但具有讽刺意味的是，通过采用这种方法，我能够使绘画的初始阶段保持不确定性——所以允许我在进行的方式上有不同的选择。一般来说，我只从四或五个形状开始：正如我所解释的那样，这些将表明构图中的关键部分——例如，电线杆与场地相交，或者港口墙的顶部邻接建筑物。我经常强调这种划分并将它们扩展到整个画面中。

为了确保各种拼贴形状，我使用亚光丙烯为介质——共聚乳胶。基本上，这是用于制造丙烯颜料的相同媒介。该介质的一个优点是防水，而同样适合作为黏合剂的PVA（聚乙烯醇）是水溶性的。

我用水将丙烯介质稀释后与薄纸一起使用，将未稀释的应用于胶合材料，如瓦楞纸板、贴板和织物。我有时使用的另一种方法是将纸张形状压印到湿丙烯颜料区域。

我对拼贴的使用并不局限于基础阶段，如果合适的话，我可以在绘画时随时添加拼贴画。事实上，在某些情况下，我使用拼贴而不是绘画——可能会引入一个由撕碎的纸片制成的图形，或者从市场摊位上的水果盒的棕色包装纸中剪出形状。此外，拼贴是一种非常有用的技术，可以使用从彩色纸上剪下的特定形状来添加小亮点和对比度。

下图：威尼斯海滨别墅
（*Waterside House, Venice*）
板上综合材料
61 cm× 61 cm

为确保拼贴到位，我使用亚光丙烯介质，将其用水稀释与薄纸一起使用，例如此画中包括的新闻纸。

左图：康沃尔郡的克佛拉克
（*Coverack, Cornwall*）
布上综合材料
51 cm× 76 cm

这幅画中的拼贴画包括用于前景肌理的纸巾和用于某些旗帜和细节的小型彩色纸张形状。

拼贴画步骤

《波尔佩罗港》的 5 个阶段例证展示了我通常开展绘画的方式，从最初的拼贴工作开始。

在第 1 阶段，你可以看到我是如何用纸片拼成一幅拼贴画，以确定绘画的基本设计感。左边有一个黑色的形状，这是前景海堤的第一个标志；同样，右边中心的一个棕色的长方形纸片，为海港墙的另一部分创造了基础质地。此外，顶部的报纸暗示了一些渔民的小屋，而下面的一些带有皱纹的薄纸则暗示了水的位置。

这可能意味着我只是从字面上思考题材。但是，我也在考虑各种形状相互关联的方式，并开始在设计中产生兴趣和平衡。例如，你会看到我已经在顶部放置了一些纸巾形状来平衡前景中的那些。同样，我正在考虑肌理，以及如何利用这些肌理来获得独特的视觉效果。

接下来，和第 2 阶段一样，在开始应用我为主题选择的两种主色调之前，我有时会先处理拼贴画。我在这幅画上使用蓝色和金沙色，像往常一样使用丙烯墨水，并用柔软的 5 cm 油漆刷涂抹。在这个阶段开始之前，拼贴部分必须是干的，因为我第 1 阶段里已用水喷淋弄湿了纸。把画幅垂立在画架上。我非常随意地使用颜色，让它们运行并产生杂乱无章的效果。

现在整个画面都以某种方式覆盖了，无论是拼贴还是颜色，我开始更加关注肌理。对于那些肌理质量很好的地方，我会使用白色丙烯颜料，如第 3 阶段所显示的那样，这种颜料可以很好地与滚筒刷一起使用。同样，我的目标是创造一种统一的感觉，在不同的地方重复肌理，不过我避开了我认为会涉及主题特定部分的初始蓝色或金沙色部分。除了添加质感之外，白色丙烯颜料还可以在后期使用稀释丙烯墨水制成的彩色釉上以提升亮光。

在下一个阶段，我会重新审视绘画的位置，并在适当的时候利用现在绘画的部分分割、标记表面效果，开始解决基本要素。正如你在第四阶段所看到的那样，现在我已经用白色丙烯颜料确定了主屋，并且让黑色丙烯墨水沿卡片的边缘偏移出来，我把它们处理成篱笆围栏。我们面临的挑战是如何平衡那些赋予意义和定义的领域，以及那些作为结构和抽象特质的领域。

最后，如第 5 阶段所示，我用蘸水笔和一些黑色或棕色的丙烯墨水绘画，以增加我认为必要的更多轮廓和细节。

第 1 阶段： 参照主题，基础工作是拼贴完成的。

第 2 阶段： 进一步的拼贴之后添加颜色。

第 3 阶段： 创造肌理：白色丙烯颜料，带小印刷辊涂布。

第 4 阶段： 使用白色丙烯酸墨水沿卡片边缘偏移，添加结构和绘画。

第 5 阶段： 用蘸水笔画细节。

波尔佩罗港（*Polperro Harbour*）
热压水彩纸上综合材料
48 cm× 56 cm

颜料

颜料是一种多功能的媒介。例如，你可以直接从管中使用它，以创建富有表现力的肌理效果，或稀释它以产生微妙的洗涤和透明的釉色。此外，你可以利用某些颜色的不透明或透明的特性，或者某些颜色比其他颜色更强烈或具有更强染色力的事实，等等。

同样，很大程度上取决于经验，并了解每种颜料的特殊性、优势和局限性以及其范围内的颜色。毫无疑问，在创作的早期阶段，颜料是必不可少的媒介，无论是用刷子、刀、手指、卡片还是其他什么东西，它都可以为开发混合物形象中令人兴奋的敏感色彩和肌理效果提供巨大空间。

丙烯颜料

丙烯颜料与大多数其他颜料和绘图介质兼容，是混合介质应用的理想媒材，因为它在潮湿时是水溶性的，但在干燥时是稳定的，易于使用，并且在撕裂时也可作为黏合剂或切割拼贴形状被压入其潮湿的表面。此外，它的优点是不必遵循特定的工作流程——例如，当画水彩画时，必须从浅色到深色。而使用丙烯颜料，你可以在绘画过程中的任何点添加光或暗。

此外，混合和稀释颜料非常简单：添加水或使用可用的各种丙烯介质之一。这些包括上光和亚光上釉介质、柔顺剂（它增加了颜色的透明度，使涂抹顺滑）和肌理凝胶（它使颜料变厚以产生厚重效果）。有多种颜色可供选择，但大多数是不透明的。

这些不同的因素和技巧为创造个人风格提供了巨大的空间，尽管我认为，不要过分夸大技术和效果。我有时会使用传统的丙烯颜料系列，但一般来说我会保持有限的颜色，而且我常常使用两种颜色——未漂白的钛色（乳白色）和羊皮纸色（灰白色），这两种颜色都来自高黏度专业画家丙烯颜料。基本上，我只使用丙烯颜料在绘画中创建底层肌理。对于实际的颜色，我主要依靠丙烯墨水，通常用作釉料和拼贴区域。当我想要创造一种更不透明的肌理颜色时，我会将丙烯墨水与白色丙烯颜料混合。

右图：意大利索伦托的玛丽娜·格兰德（*Marina Grande, Sorrento*）
纤维板上丙烯和综合材料
86.5 cm× 86.5 cm

通过利用其一致性和处理可能性，丙烯颜料会呈现许多不同的表现性肌理效果。

DRIVERS

《肯特港》我主要以丙烯颜料为主。对于这样的创作方式，我通常以习惯的方式开始，使用拼贴画，我也可能稍后介绍拼贴的元素。但基本上，我希望颜色稳定而强烈，这就是我选择丙烯酸树脂的原因。例如，《肯特港》的黄色船只可以使用黄色釉（由丙烯墨水制成）涂在白色丙烯基底上——这就是我通常的创作方式。但这不会给出同样的坚固感。相比之下，在《奥维托的水果和蔬菜商店》中，我使用丙烯颜料以更加有限的方式创作，主要依靠羊皮纸白色丙烯酸树脂来创造肌理并在必要时简化区域，特别是在画幅的右上部分。

上图：奥维托的水果和蔬菜商店（*Fruit and Veg Shop, Orvieto*）
板上综合材料
35.5 cm× 35.5 cm

我经常使用羊皮纸、白色丙烯颜料画出草图和简化区域。

左图：肯特港（*Kentish Harbour*）
纤维板上拼贴和丙烯
61 cm× 101.5 cm

丙烯颜料非常适合这样的主题，我希望颜色能够变得稳定而强烈。

上图：海葵（*Anemones*）
板上综合材料
35.5 cm× 30.5 cm

丙烯颜料特别适用于创作综合材料作品。它与拼贴、墨水、彩色蜡笔和其他媒材完美结合，并具有添加后快速干燥的优势。

右图：梅瓦吉西旧渔船
（*Old Fishing Boat, Mevagissey*）
板上综合材料
28 cm× 37 cm

如果需要，你可以以非常受控的方式应用丙烯颜色，如本主题中所述。

TREVOSE
PW 64
FRIENDS PROVIDENT
MBernard

控制与“快乐意外”

在绘画过程的每个阶段都要做出许多决定。其中一些最重要的决定与绘画的颜色、肌理和其他方面有关，值得保留以及需要以某种方式修改或解决的那些：在早期阶段，我刻意鼓励不同的表面肌理，随意运行颜料和类似的效果，随后可能会增加画面的趣味和影响。但是后来，当我开始更多控制和关注特定气氛以及内容时，大多数初始颜色和肌理将被覆盖。在整个画作中，我正在寻求更刻意的效果和偶然发生的效果之间的恰当平衡。

这种受控和偶然效果的组合在《威尼斯回水》中很明显。在这里，有一些非常细致的绘画用白色丙烯颜料和墨水来强化建筑细节，而相比之下，在前景，为了帮助捕捉水面反射的感觉，我利用了洗刷、滴画、褶皱纸巾和锡箔来表现。

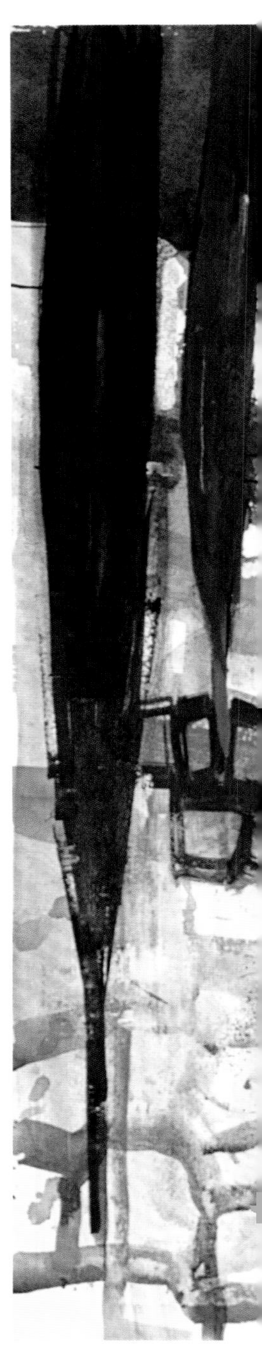

下图：威尼斯回水（*Venetian Backwater*）
板上综合材料
40.5 cm× 51 cm

通常情况下，我会在上颜料的画面上制造一些最初的“快乐意外”——流挂、滴水和肌理——以帮助加强后续创作，我一开始解决这幅画中的前景水域时就是运用这样的技巧。

上图：托斯卡纳别墅（*Tuscan Villa*）
非水彩纸上综合材料
48 cm× 66 cm

在这个例子中，我进一步利用了最初自由应用颜色区域产生的机缘效果。

同样，在《艾萨克港》一画中，有相当多的素描是用白色丙烯颜料绘制的，尽管在这幅画中，许多线条和颜色更柔和并且细微扩散。为了创造这种效果，我定期使用植物喷雾器在画上喷上细水雾。《西班牙农场》一画中，我在对该画幅区域进行颜色湿染之前，使用油画棒画出前景植物和草地。这种混合提供了有趣的抗蚀肌理效果。

右图：西班牙农场（*Spanish Farm*）
板上油画棒与综合材料
40.5 cm× 40.5 cm

对于这个主题，我通过在用油画棒制作的绘图上冲刷稀释颜色来创造前景中生动的肌理效果。

左图：艾萨克港（Port Isaac）
板上综合材料
38 cm× 56 cm

对于更加图形化的方法，我使用了蘸水笔和白色及黑色丙烯颜料，我定期喷洒细水雾，使其产生柔和的大气效果。

上图：水果市场（*Fruit Market*）
非水彩纸上钢笔和墨水画
35.5 cm×51 cm

墨和水染对综合材料绘画是个很好的介入。尝试直接用色彩创作，然后用笔和墨水添加必要的绘图。

其他合适的颜料

水彩和水粉是用于综合材料创作的其他合适的颜料，虽然在我看来它们不像丙烯颜料那样具有潜力，但它们每个都具有独特的品质和特征，并且它们是应用粉底洗染并创建与其他材料混合的理想的基础选择。特别是，水彩作为一种良好的基色颜料，可以在其上用蜡笔、彩色铅笔、墨水和拼贴画制造肌理和其他效果。

你可以在丙烯上涂抹水彩，反之亦然，或者将水彩与丙烯上光或亚光介质混合，以创造更浓稠的油画，使其更加防水。水彩是制造微妙色彩效果和半透明湿染的不错选择。它适用于肌理纸拼贴和蜡笔或油画颜料的抗蚀技术，当然它本身具有非常有限的肌理可能性。然而，一些水彩颜料的有趣特征是：当用于湿染时，它们易于与水分离——这种效应称为造粒。这会产生颗粒状，略带肌理的破色效果。具有这种特征的颜色包括大部分绿色和蓝色，以及生赭色和象牙黑。

水粉颜色比水彩更鲜明，大多数颜色都是不透明的。此外，由于在其制造过程中包含白色颜料或填料（通常是沉淀的白垩或白垩固定剂），颜色比水彩具有更多的主体性——通常浓稠而更厚——因此具有产生更多绘画肌理效果的可能性。像丙烯一样，水粉快速干燥，没有适当处理的话，如果重新润湿或涂抹，颜色有时会“加深”，除了这一点，其他没有特别的技术问题。

其他媒材

具体标志、轮廓和肌理也可以添加各种绘图材料，如彩色的、水溶性的绘图材料和石墨铅笔、钢笔、蜡笔。其中，我主要使用全色蜡笔（油画棒），而不是在画中添加丙烯颜色（为了创造和谐感，我更喜欢保持非常有限的调色板），我使用油画棒来增强色彩效果或添加特定的线条或颜色。

油画棒的一个优点是它可以创造效果强烈的肌理，因此它可以非常有效地在折痕纸上涂抹。例如，对于控制线条和标记，我用油画棒的尖端绘制，而对于其他非破碎的颜色、肌理、抗蚀效果和宽广的颜色区域，我使用油画棒的侧面绘制。我发现它是一种有用的媒介，用于在绘画的最后阶段添加细节——例如船上的绳索和桅杆，或窗户形状、烟囱和石雕。《艾萨克港》前景屋顶的肌理和细节以及《怀特岛上的躺椅》画中躺椅的条纹是用油画棒添加的。

软性蜡笔是一种更易融合的介质，并且（不像油画棒）如果需要，颜色可以很容易混合在一起，以产生非常微妙的色调或颜色过渡。就像在《船上什物》中，我偶尔使用软性蜡笔，有时会将它们与水彩技术结合起来。

下图：怀特岛上的躺椅
（*Deckchairs, Isle of Wight*）
板上综合材料
25.5 cm× 33 cm

在绘画的最后，我经常使用油画棒进行最后的润色和局部处理，例如这里的躺椅上的条纹。

上图：船上什物（*Boat Patterns*）
纸上蜡笔画
26.5 cm× 43 cm

软性蜡笔是一种有用的、快速的媒材，用于尝试上色；同样，它会增加综合材料创作的多样性，虽然在理想情况下，如果你想保留一个特别的效果，必须用固色剂喷洒它。

丙烯墨水

丙烯墨水有多种颜色可供选择，适用于多种不同表面，可混合使用，可涂抹，它具有快速干燥、防水的功能。有几个品牌可供选择：我主要使用Daler-Rowney FW 艺术家墨水系列或 Magic Color 丙烯墨水系列的颜色。我更喜欢透明色。这些油墨非常适合与蘸水笔一起使用，用于添加轮廓和细节，并且它们对于在拼贴或其他使用丙烯颜料制成的肌理上应用透明的颜色稀释抹刷非常有用。

如果直接从瓶中倒出使用，颜色会非常强烈，但是它们基本上可以用水稀释，以获得更细微的色调，类似于水彩。通过使用刷子、海绵或使用喷涂、点彩或溅射技术施加油墨可以实现不同的效果。我还经常通过将一张卡片的边缘浸入墨水中然后将其压印在画作上的相关位置来添加线条和标记。对于更宽的线条或颜色块，我将卡片定位，然后将其略微拖动到一侧。

有时，对于其他有趣的肌理和效果，我会用加湿的丙烯墨水画（你可以使用小棒、一块卡片、手指等），或者将保鲜膜或类似材料压入其中。在《布兰斯科姆风景》中，我用一张小卡片浸入油墨中来暗示树的形状并定义建筑物的轮廓。而当我想要更多受控制的线条和细节时，我通常使用蘸水笔和一些黑色、棕色或白色丙烯墨水。

上图：波尔佩罗的晨雾

（*Misty Morning, Polperro*）

热压水彩纸上综合材料

46 cm× 62 cm

丙烯墨水非常适合在拼贴或其他颜色和丙烯颜料制成的肌理上涂抹透明色。

上图：布兰斯科姆风景

（*Branscombe Landscape*）

板上综合材料

40.5 cm× 53 cm

我喜欢通过浸在丙烯墨水中的小块卡片的边缘“拖拉”来添加细节。这会产生一些有趣的效果，也可以防止作品变化过于烦琐。这幅画中的树形就是以这种方式绘制的。

左图：南安普敦的三叶草码头

（*Shamrock Quay, Southampton*）

板上综合材料

33 cm× 38 cm

如果直接使用瓶装丙烯墨水，颜色可能会非常强烈，但是当用水稀释后会产生更微妙的色调。

下图：西西里港（*Sicilian Harbour*）

板上综合材料

43 cm× 56 cm

作为釉料，丙烯墨水有助于统一画面，但同时也让一些底层肌理和效果显现并增加了画面的趣味。

视觉兴趣和连贯性

绘画需要通过使用颜色和其他形式元素产生强烈的视觉吸引力，同样，绘画必须在设计方面有效地运作，表现出内在的统一性和连贯性。当然，当使用各种各样的媒材时，创建一个整体的绘画可能会更加困难，这使得考虑每个媒材所包含和发展的后果变得更加重要，因此每个方面都具有恰好与其余部分相关的重要性。对我而言，首要任务是绘画的视觉感受——确保它看起来不脱节，尽管这不可避免地要考虑作品的基本设计。

我发现有几种技术可以在绘画中创造出一种整体的平衡感和连贯性。正如我已经解释过的那样，我总是对主要区域和效果采用有限的颜色——通常只有两种颜色——这有助于形成强大、统一的构图。另外，我喜欢在整个作品中创造独特的节奏和图案，我经常使用加水的丙烯墨水。这可将不同区域连接在一起，同时仍然保留底层肌理和其他有趣的效果。

下图：利帕里海港（*The Harbour, Lipari*）
板上综合材料
51 cm× 71 cm

为了使绘画成功，所有主要元素——形状、颜色、肌理和设计——必须协同作用，以产生连贯、有趣的形象化陈述。

《雪域后花园》是一个很好的例子，有限制地使用颜色可以成为在绘画中创造和谐和稳定的有效手段。在这里，颜色基本上是单色的——一系列蓝色色调，只有一两个红色拼贴点缀来创建焦点。此外，通过形状、图案和标记的重复，实现了统一感，其中大部分是用卡片和白色丙烯颜料，或白色、黑色丙烯墨水制成的。对于白雪效果，特别是在前景中，我使用深色底色，然后使用卡片在上面拖动白色丙烯颜料。我经常使用相反的色调或颜色来进行打底。

下图：托斯卡纳巴尔加（*Barga, Tuscany*）
板上综合材料
43 cm× 66 cm
使用非常有限的颜色总是有助于开发强大、统一的构图。

左图：雪域后花园（*Snowy Back Gardens*）
热压水彩纸上综合材料
48 cm× 68.5 cm

创造整体的另一种方式是通过形状及标志的重复和图案化而成。

同样，在《圣艾夫斯湾》，创造一些颜色、形状和肌理在画面周围与主题呼应。红色的烟囱形状是纸质拼贴画，我有时会使用与绘画相同的方式——只需在绘画周围点缀它以创建视觉链接。正如你所看到的，这个主题鼓励采用比平时更加图形化的方法，并建议使用蘸水笔、丙烯墨水、油画棒和装配刷（带有很长刷毛的细刷子）绘制不同的肌理和细节。

技术考虑

使用水溶性和非水溶性绘画材料时，对可以使用的组合和技术没有实际限制。这些媒材完全兼容，因此画作的物理成分和耐久性应该很好，前提是使用优质材料。连同主题和媒材的选择，要考虑的主要因素是画幅的大小和支持创作的类型。

合适的支撑物包括水彩纸、挂板、画布、MDF（中密度纤维板）或硬质纤维板。重要的是，载体是无酸材料，并且适当的画布或纸板已制备妥当。我偶尔会使用纸画一些较小的画作，偏爱可拉伸的、表面光滑的热压纸张。与其他类型相比，这种纸吸水性较弱，因此颜色可以保持清新和强烈。

然而，对于大多数画作，我使用一张白色或奶油色的挂板，将其装订到背板上。对我来说，挂板不需要任何初步准备，因为一旦我用了一层拼贴画，就会增大其表面的大小。另一个优点是挂板易于切割。我经常从一张比我所需要的更大的纸张开始，就好像它本来就是这么大幅，让这幅画找到它自己的尺寸。对于约 61 cm × 61 cm 的画作，我选择中密度纤维板或硬质纤维板，用白色丙烯酸底釉涂层制作。完成后，我用一层未稀释的丙烯光油来罩染和保护画作。我通过混合等量的亚光和上光丙烯来制作自己的光油。

右下图：步入海港（*Steps to the Harbour*）
板上综合材料
43 cm× 46 cm

在设计创作的同时，还有颜色、形状和效果在画幅周围呼应，增加了它的视觉趣味性和连贯性。

上图：圣艾夫斯湾（*St Ives Bay*）
纤维板上综合材料
91.5 cm× 112 cm

对于像这样的大画幅，我更喜欢使用中密度纤维板，用一层白色丙烯打底来制备。

创作示范

《布鲁斯的艾萨克港》

灵感

这幅画包含了一系列有趣的媒材和技巧，我觉得它成功地捕捉我心中的情绪并成功地诠释出来。我也很高兴看到明显具有代表性的元素与具有更抽象品质的区域之间的平衡，就如画中的前景一样。此外，由于其重复的形状，如屋顶、窗户和烟囱，特别是在右侧，我认为这幅画具有强烈的运动感和活力。

技巧

我设想的这个主题基本上是一个关于色调的绘画，我会在冷调的蓝色和黑色中融入少许暖调，将调色板限制在几个颜色内。受限的色彩范围有助于在构图中创造平衡与和谐，同时也传达出空间和纵深的感觉。我总是对这样一个事实感兴趣：当与综合媒材结合使用时，不同的表面肌理、有限的调色板将提供令人惊讶的各种色调和效果。例如，在这幅画中，虽然在不同的地方我使用了相同的蓝色，但是当应用于某些纸质拼贴的粗糙肌理时，它看起来完全不同，与其他平滑区域的蓝色形成对比。

对于某些形状——例如一些烟囱——我使用彩色纸拼贴画，而在其他区域我使用油画棒或丙烯墨水；类似地，这些标记和形状添加到了颜色范围内的变化中。我还让画幅有特定的光效，以增强场景的反光氛围。我力图创作一块非常明亮的天空区域，用白色丙烯颜料遮盖，然后可以与建筑物的一些部分和前景相呼应。

右图：布鲁斯的艾萨克港
（*Port Isaac in Blues*）
板上综合材料
51 cm×61 cm

4 色彩和肌理

在每幅画中，最让我感兴趣的是画面效果。因此，为了达到适当的、令人兴奋的效果，我主要依靠颜色和肌理。我希望用颜色和肌理创造出我的作品独特、明确的特征，并且通过利用这两个基本的、互补的元素的潜力，我能够充分表达我对每个新创意或主题的想法和感受。通常，我从肌理开始，然后考虑如何根据颜色来开发绘画。当然，这两个方面是紧密相连的，因此在每幅画的后期阶段我都将肌理和色彩视为一体。

我的绘画过程与传统方法差异最大的是在开始。最初，我使用拼贴画，但在这个阶段，我不希望受到任何关于特定主题的影响。相反，我考虑肌理本身。我想要一个有趣的、令人兴奋的肌理基础。最终，我开始在标记、肌理和初期制定绘画的颜色区域以及我起初想到的主题之间建立关系。通常这是潜意识的决定而不是深思熟虑的审议。有趣的是，我建议或确定主题的方式通常主要是通过消减过程——简化或画出区域略图——而不是在已经存在的内容上添加。

左图：五渔村的里奥马乔内港（局部）（*Riomaggiore, Cinque Terre*）
板上综合材料
91.5 cm×91.5 cm

下图：艾萨克港口（*The Harbour, Port Isaac*）
板上综合材料
60 cm×76 cm
为了捕捉光线和环境对这个主题的特殊影响，我使用了比平常更柔和的色调。

主题、气氛和色彩

虽然我总是认为气氛是绘画中的一个重要元素，但通常也不是从一开始就计划好的事情。随着绘画的形成，并根据所做的决定，气氛是发展变化的。比如，一般情况下，我不会画夜景。我更愿意把对“夜晚”的感觉演变成我在绘画时选择的相关颜色和技术。然而，一旦我意识到某种气氛正在发展，我可能会以某种方式强化它。

话虽如此，当我选择一个主题进行绘画时，我脑海中可能会有一些东西，后来会影响我使用的颜色，从而影响绘画的气氛。事实上，我可能偶尔会选择与主题直接相关的颜色。例如，我记得曾经有一次画果园，园里有水仙花，这启发了我设计黄色配色——尽管我没有画任何水仙花！

色彩总是受情感的影响，在每一幅画中我都意识到我必须用大胆的颜色。我喜欢强烈的色彩，并积极地添加到绘画中来表达。很多时候，我选择的颜色是基于暖冷的对比。作品《意大利波托菲诺的里维埃拉》就是如此，这是我对颜色的一种更直接的用法的例子。在这里，当画作正在进行时，我决定突出阳光照射地中海的场景印象。

下图：意大利波托菲诺的里维埃拉
（*Italian Riviera, Portofino*）
板上综合材料
76 cm× 91.5 cm
即使我采用更具描述性的色彩，我仍然希望它大胆而强烈。

上图：加州罂粟花（*Californian Poppies*）
板上综合材料
46 cm× 76 cm

强烈的色彩对比，尤其是补色，总会增加对绘画的影响。

色彩特征

像大多数艺术家一样，最初我遵循传统的色彩方法，基于观察并试图准确地表现我所看到的颜色。我认为，一个人特别是在其职业生涯的开端，如果没有努力捕捉大自然中的色彩，很难成为一名风景画家。但我很快想要表现一种更个性化的方法，因此我决定放弃对现实主义的追求，并以更人为的方式处理色彩，涉及色彩理论的知识。

这恰好是我对印象派感兴趣的地方，特别是他们使用色彩来表达光和心情的效果。我并没有打算复制他们，但我非常渴望尝试有限颜色的运用。这是我所追求的，用和谐的颜色作画并最终限制绘画之外的影响，若直接来自主题，很难不受我所看到的颜色的影响。然而，我发现，如果我做了笔记和草图，然后在工作室中画画，将自己与实际主题区分开来，它就会给我更多的空间以个人和令人兴奋的方式探索色彩。

所以，用色彩来营造氛围成了我的本能。我希望色彩大胆而令人兴奋，能增添一幅画的兴趣和影响，同时也营造出整体感。事实上，我发现当在实地创作时，颜色很少像我希望的那样具有戏剧性效果，因此将自己的配色方案强加于主题对画作是有利的。

上图：五渔村的马纳罗拉港
（*Manarola, Cinque Terre*）
板上综合材料
61 cm× 86.5 cm

我发现地中海主题总能激发非常积极的颜色反应。

正如我所建议的那样，色彩理论可以成为这种表现性工作的良好起点。但是，在我看来，不应该永远允许它主导整个过程，因为这会导致可预测的、人为的结果。基本颜色原理的知识和对相似、和谐、互补色等的理解将为开发颜色的想法提供一个有用的基础，如果你想更深入地研究色彩理论，有很多书和课程可供选择。理想情况下，色彩基础的学习应该让你更有信心以更具冒险性和个性化的方式创作。

限制颜色

我更喜欢使用非常有限的颜色。这样做的好处是它可以更容易地在绘画中创造和谐感并控制色调值，同时也有助于产生有趣的戏剧性效果。如果颜色种类很多，这会导致混淆并破坏构图的强度和画面的整体效果。此外，通过限制颜色，你可以减少在绘画中包含大量“局部”颜色（不同对象和曲面的实际颜色）的诱惑，这种诱惑可能会对创建强大、富有表现力的作品产生反作用。

我画中的大多数色彩效果都是用丙烯墨水或拼贴画制作的。基本上，我使用两种颜色的丙烯墨水，通常是暖色与冷色对比的组合。但是，改变这些颜色的强度，除了取决于它们用水稀释多少，我也可以通过将彩色油墨与黑色、棕褐色或白色墨水混合来创造不同的色调。最初，我不会在调色板上混合主要颜色，而是允许它们在绘画表面上混合。我用水喷洒表面，然后将油墨加水稀释，使它们混合并产生有趣的效果。对于不能与丙烯墨水混合的偶然的特别颜色，我使用拼贴画。

对于《博尔鲁安的船只修理》，你可以看到我保持了三种蓝色冷调。这让我有机会探索不同的氛围效应和空中视角。同样，在《威尼斯的秋季》，色彩的有限使用具有强烈的统一性以及创造特定的氛围。与往常一样，色彩的目的是传达特定的效果，而不是描绘每个建筑物。从金黄、棕褐色开始，氛围或多或少都是自发的。

下图：博尔鲁安的船只修理
（*Boat Repairs, Polruan*）
板上综合材料
48.5 cm× 74 cm

通过混合丙烯酸油墨制成的蓝色调非常酷炫，我能够在这幅画中创造出戏剧性的大气效果。

上图：威尼斯的秋季（*Autumn in Venice*）
板上综合材料
48 cm× 56 cm

在这里，我一直保持一个统一的色调，以增强绘画的和谐感和氛围。

上图：艾萨克港的屋顶
（*Roofscape, Port Isaac*）
板上综合材料
56 cm× 66 cm

虽然我的绘画中的大部分色彩效果都是用丙烯墨水制作的，但我也使用拼贴画来制作各种形状、对比色和细节。

富有表现力的色彩

我对颜色的运用是富有表现力的，而不是描述性的。我更感兴趣的是，颜色对绘画的整体益处起作用，并且与肌理和其他品质相结合，而不是帮助传达主题的精确相似性。有时我会受到主题内部关键颜色的启发，会从那里开发出一种配色方案，但通常我都是任意选择颜色的。它们挑战我对这幅画可能有的整体计划，我认为这是一件好事，因为它可以确保任何事物都没有太快被定义。

这一点在《西西里岛的陶尔米纳》中得到了证明，其中的色彩与那些实际存在的颜色几乎没有关系。相反，我故意保持一种有限的色彩以激发表达能力和营造氛围。类似地，用拼贴画制作的颜色添加，例如商店遮阳篷的颜色添加，与现实无关，画它们是为了增加兴奋感和活跃度。

下图：西西里岛的陶尔米纳（*Taormina, Sicily*）
热压水彩纸上综合材料
48 cm× 61 cm

通常，我选择的颜色是直观的，让我可以自由地表达情绪，而不是特别受原始主题的影响。

上图：康沃尔的夏季沙滩
（*Summer Sands, Cornwall*）
板上综合材料
61 cm× 61 cm

与绘画的其他方面一样，颜色的成功往往依赖于简化或夸大某种方法或效果。

《苏格兰港》和《波尔佩罗的阳光港》显示对比鲜明的方法。在第一幅画中，我利用了主题的方方面面，这些可以帮助我创造出色彩鲜明、富有表现力的形象——虽然仍然以个性化而非传统的、具有代表性的方式做出回应。在第二幅画中，我的方法更直观、自发。有趣的是，在这幅画中，一个关键的考虑因素是光油的品质，为此我使用管状丙烯颜料而不是液体丙烯墨水。这种技巧，我可以让自己完全参与绘画和颜色的处理，并专注于绘画本身的需要，而不是过多地考虑内容或如何最好地描绘主题。

下图：苏格兰港（*Scottish Harbour*）
纤维板上综合材料
61 cm× 61 cm
在这里，主题确实具有我想要使用的色彩品质，但请注意我已经不仅仅依赖于再现那里的色彩，而是以个人方式做出回应。

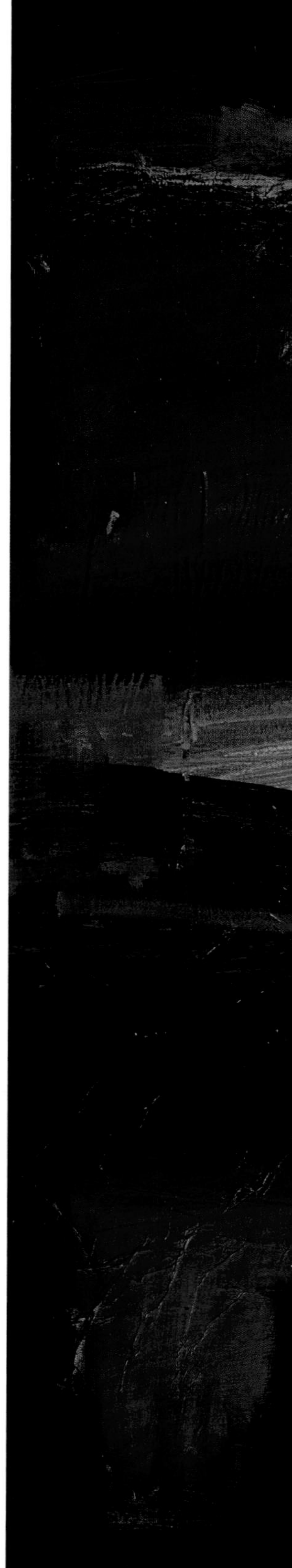

右图：波尔佩罗的阳光港
（*Sunlit Harbour, Polperro*）
纤维板上综合材料
61 cm× 61 cm
在这幅画中，我特别希望获得粗糙的质感，因此我决定使用管状丙烯颜料而不是液体丙烯墨水。

MBernard.

颜色和设计

当我使用颜色时，无论是拼贴画还是丙烯颜料或墨水，我都意识到它在增强绘画中的设计感及其对观众的整体影响方面所起的作用。通常，我使用某种颜色的色块作为“踏脚石”来将观众的目光带到一幅画上，从而在一个区域和另一个区域之间建立联系。事实上，这是我将绘画的不同元素连接在一起的主要策略。 这些元素和形状的颜色也为作品增添了节奏和活力。

例如，在《意大利勒·马尔凯集市日》一画中，我使用黄色色块作为主要的连接图案。在这里，我经常发现拼贴最好用：它是一种更直接的技术，很容易调整。使用剪切或撕裂的纸拼贴形状，你可以定位它并检查它的外观，也可以在粘贴到位之前将其替换为不同的形状或移动它。但如果形状是用光油、丙烯墨水或油画棒制成的，那么调整或重新定位就不是那么容易了。你通常可以找到包含这种形状的理由——可能是市场摊位上的柠檬、商店标志，或者如《锡德茅斯海滩》里沙滩上的毛巾。这些彩色形状的另一个优点是，通过改变它们的大小和色调，它们将增加绘画中的空间感和运动感。

下图：威尼斯购物（*Shopping, Venice*）
板上综合材料
37 cm× 51 cm

色彩不可避免地在绘画设计中起着重要作用。请注意颜色的“块”如何增加对构图的影响。

上图：锡德茅斯海滩（*Sidmouth Beach*）
板上综合材料
53 cm× 79 cm

通过使用相同的颜色，但改变重复形状的大小和色调，你可以在绘画中创造一种空间感和运动感。

左图：意大利勒·马尔凯集市日
（*Market Day, Le Marche, Italy*）
纤维板上综合材料
76 cm× 91.5 cm

与此图例中的黄色色块一样，我喜欢在绘画周围重复适当的颜色，以此在一个区域和另一个区域之间建立联系。

左图：海滩和海港墙
（*Beach and Harbour Wall*）
板上综合材料
61 cm× 61 cm

强烈的色彩对比会增加绘画的趣味性。

下图：比尔的渔船（*Fishing Boats, Beer*）
板上综合材料
60 cm× 66 cm

我经常利用不同的材料来实现颜色对比，例如这里使用的蓝色颜料和拼贴画。

色彩对比

色彩的影响可以通过所使用的特定颜色的对比和关系以及利用不同的媒材来实现。使用单一颜色（如蓝色），你可以改变其色调值和强度，同时通过使用拼贴、墨水或蜡笔制作的蓝色调，可以进一步增加绘画的趣味性和多样性。每种颜色都有自己的肌理和特征。虽然最初我对颜色的使用往往是直观、随意的，但后来，当我开始处理绘画时，我的选择更具体。例如，我可能会将一个从棕色信封纸上撕下的形状作为前景海港墙的基础，在其上添加肌理或颜色。

另一种创建有趣色彩效果的方法是叠加颜色。使用丙烯墨水时，有时我会使用罩染的方法，薄薄的一层覆盖一层，或者有时候在初次罩染时添加较厚的颜料。颜料可以作为一种釉料使用，可以使用卡片或干刷拖动，以创造更加有质感的效果。或者，我使用白色丙烯颜料。白色将呈现特定的色调，具体取决于它所覆盖的颜色。或者，我在湿染的颜色上涂上一层厚厚的白色破碎层，产生带有一些色彩的肌理。

我在《波西塔诺购物》中使用了一些这样的技法，包括使用覆盖不同颜色的白色丙烯颜料。我为这幅画选择了一个冷暖色调掺半的调色，尽管两个区域都有颜色上的联系，但如果你能想象它沿对角线分成两半，你会注意到上半部分基本上是“暖”调，而下半部分是“冷”调，涂有蓝色。对于商店遮阳篷和画作左下角的阴影区域，我使用了一种颜色组合，在暖红色的赭色上覆盖蓝色。

左图：波西塔诺购物（*Shopping in Positano*）
纤维板上综合材料
61 cm× 71 cm

为了增加肌理，我有时使用滚筒或卡片刷一层白色丙烯颜料，并让一些材料本身的颜色显示。

肌理

对我来说，肌理从绘画的一开始就是一种重要的品质。我通常从拼贴而不是绘画开始，因为立即出现会影响绘画发展方式的表面对比。随着创作的进展，我会增强并添加这些肌理。肌理可以来自实际表面、所用材料的物理特性，例如皱巴巴的薄纸或瓦楞纸，或者可以暗示。通过拼贴，我经常使用不同纸张上的印刷字体和图案来暗示肌理——给出视觉上的肌理感而不是单纯的物理属性。

另外，画幅表面本身可以提供可利用的肌理，例如当使用帆布板或一张粗糙表面的水彩纸时。或者你可以利用不同媒材的肌理特质，或者通过使用例如抗蚀剂、渐淡画法和干刷技术的方式来创造肌理。在《南安普敦圣玛丽教堂建筑物的背面》，我采用了许多创造肌理的技术，例如用墨水和油画颜料调配中和色彩，并使用印刷纸。

打底

鉴于我从一开始就没有关于一幅画的固定想法，你一定会觉得奇怪我赞成打底。无论打底工作看起来与最终作品形象多么违和，都要在某种程度上为画作的其余部分定下基调，而且构建一个有趣的基础是至关重要的。

下图：南安普敦圣玛丽教堂建筑物的背面
（*Backs of Buildings, St Mary's, Southampton*）
板上综合材料
23 cm× 28 cm

在大多数画作中，我使用了各种创建肌理的技术，例如，这幅画中我用墨水和油画颜料调配中和创造了不同的肌理，并将印刷纸作为拼贴画纳入其中。

我经常花很长时间来画底色。为了解决各种实际问题，它可以保证创作的进度，并且让我有时间思考并考虑下一步。通常我从拼贴开始，使用不同的形状、颜色和各类纸张，但没有覆盖整个画幅表面。当拼贴画干燥时，我会润色、加湿，然后在拼贴部分用白色丙烯颜料涂抹，创造肌理效果，然后准备底色。

下图：西康沃尔郡的暮光

（*Evening Light, West Cornwall*）

板上综合材料

43 cm× 43 cm

在很大程度上，诸如此类的绘画中的各种肌理和表面效果依赖于从有趣的底色开始。在考虑实际主题之前，我经常花很长时间打底，先画小屋，然后添加颜色和肌理区域。

上图：比尔的屋顶（*Beer Rooftops*）
板上综合材料
48 cm× 48 cm

画中，我广泛使用卡片技术来分割颜色、偏移线和肌理效果区域。

厚涂效果

可以纯粹为肌理而创作肌理，用于使绘画的部分活跃，或者可以以更加深思远虑的方式应用，以帮助定义和传达主题的特定表面或特征。虽然现实主义永远不是我的目标，但是，为了使每幅画创作成功并捕捉到实地感，它必须包括对现实的一些参考。我喜欢抽象品质和表征元素之间的对比。表现肌理，有一些是为了增加趣味，并且与主题相关，而另一些更具描述性。

我的大部分画作都具有肌理效果，无论是天空还是更明显的肌理表面，如石雕。 通常，我会围绕绘画的焦点集中特定的肌理和细节，对外部区域采用更广泛、更具表现力的处理方式。 肌理可以在某些地方刻意用厚涂的颜料创造出来，用白色丙烯颜料构建，然后用彩色釉料或油画颜料进行处理。

对于某些效果，例如意大利的波形屋顶，我在卡片的边缘涂上丙烯颜料，以便暗示脊状表面。干燥时，可以使用赭石或橙色油画棒着色。我还使用卡片技术重复线条，添加细节，并通过卡片将一种颜色拖到另一种颜色上，创建一种破色肌理效果。见《西西里岛小巷》。

左图：西西里岛小巷（*Alleyway, Sicily*）
板上综合材料
61 cm×61 cm

我一般使用卡片来敷众多颜色，用它们就像用调色刀那样，将一种颜色拖到另一种颜色上。

各种技术

在《法伊夫的克雷尔港》中，我使用了丙烯颜料做底，并用卡片在水面和海港墙壁上创建肌理。对于这种技术，我将卡片切割成适当的大小。一般来说，在绘画的早期阶段，我使用相当大的卡片，可能宽达 10 cm。我使用卡片而不是画刀，敷上油彩，然后将它几乎水平地保持在油彩表面并将其拉过一个区域。这种方法创建的肌理效果比拼贴画好。此外，我有时会使用卡片的角，蘸上颜料或丙烯墨水，制作圆点、小标记和细节。

或者，我用滚筒涂抹油彩以产生肌理。我使用 7.5 cm 的小滚筒刷。首先，我在调色板上挤放了一些白色丙烯颜料，然后我给滚筒抹颜料并将其滚过画幅的适当部分。同样，根据颜料所涂的表面和使用量，将产生厚实的肌理或更随机的破碎肌理。当它干燥时，我通常会在这种肌理上添加彩色釉。

我使用保鲜膜、海绵和刷子来创造其他有趣的肌理效果。我将保鲜膜放在湿丙烯墨水或稀释的丙烯颜料区域的部分颜料上，等它们干燥后将保鲜膜除去。这将产生随机图案和绘画效果，例如，这可能暗示水或岩石表面。然而，这是一种机会技术，而不是可以依赖于创造特定结果的东西。对于另一种类型的破碎肌理，我将一小块家用海绵浸入丙烯颜料或丙烯墨水中，然后轻拍所选区域。类似的硬鬃毛刷可用于点画和创造干刷效果。

左图：法伊夫的克雷尔港（*Crail Harbour, Fife*）
纤维板上综合材料
76 cm× 91.5 cm

在这幅画中，我用涂上丙烯颜料的卡片，在水面和海港墙上创造肌理。

上图：埃姆斯沃思港（*Emsworth Harbour*）
板上综合材料
51 cm× 70 cm

在引入不同的技术时，检查它是否适合某个区域或效果，这有助于整体意图的实现和对作品产生影响。

创作示范

《意大利港》

灵感

这幅画的灵感和参考信息来自一张照片，虽然我在很大程度上改编了我在照片中看到的东西，并结合了事实和虚构。例如，建筑物不是白色的，但我允许它们是这样的，这主要受到初始打底时用白色丙烯颜料的影响。

技术

我在这幅画中使用了各种颜色和创建肌理的技术，我通常以拼贴和白色丙烯颜料的底色开始。 在形成绘画背景的白色和蓝色的垂直条纹中，有明显的使用滚筒的痕迹。你还可以看到一些最初的拼贴画留下了不同的形状，例如最右边的新闻纸“建筑物”。在这里，新闻纸肌理暗示砖砌，暗色调的照片暗示窗户。在其他位置，虽然白色颜料仍然是湿的，但我用一张卡片凸显出了窗户和门的形状。正如我做的这样，相当偶然，它露出了下面的暗色纸拼贴画，从而增强了建筑物内部的深度感。

在中心区域和前景区域，船只和棕榈树都是用纸拼贴建造的，在这些地方我用油画棒在表面上创作，以增加肌理和清晰度。剩下的图像和细节是用钢笔和墨水绘制的。为此，我使用了蘸水笔和黑白丙烯墨水，以这种方式添加了诸如窗户的分区之类的功能。从本质上讲，这幅画具有我喜欢的抽象品质和表现特质的平衡，例如，没有明显表现透视，相反，有一种整体的图案感，由水平和垂直的形状制成。

左图：意大利港
（*Italian Harbour*）
板上综合材料
51 cm× 68.5 cm

LERY

5 发展思路

对我而言，发展思路的成功取决于在自由工作和应用某种控制之间建立适当的平衡。 我倾向于直观地画画。然而，为了获得视觉上强烈、有趣并且与我最初产生灵感的地方或场景相关联的结果，在绘画过程中显然有时候我需要考虑更多的方法。

一般来说，我从混乱开始——使用自由和富有表现力的拼贴和色彩。然后，我的挑战是为这种混乱建立一些秩序，从而定义主题或想法的本质。我一直认为最好不要从大量的计划和准备开始，而是要对绘画如何发展持开放态度。

工作室练习

坚持是任何一位艺术家的基本品质。你必须准备好努力练习并坚持下去，特别是当事情没有你想象的那样顺利的时候。我大部分时间都在工作室里画画，有时甚至是晚上。我现在很幸运，我一直在为下一个展览而努力，我发现这是一个很好的激励，一个很好的纪律训练！ 但是，我认为，有时候分散注意力也是健康的，因为从绘画中暂时休息一下有助于保持创作生动有趣。

下图：伊尔弗勒科姆（*Ilfracombe*）
板上综合材料
51 cm× 68.5 cm

从使用自由和富有表现力的拼贴和色彩创建的底色的“混乱”中，我努力建立一些秩序，从而确定我想到的地方或想法的本质。

左图：红色抽象（*Red Abstract*）
硬质纤维板上综合材料
38 cm× 30.5 cm

在工作室里，我喜欢把绘画材料事先准备好，这样我就不会在绘画过程中因为为了寻找某些东西而被耽误。我通常以一种相当有条理的方式开始，在我旁边的两张大桌子之一上摆放着各种类型的纸张（为拼贴技术准备）。然而，随着工作的进展，材料总是混乱的，因此我经常从地板上拾取更适合的拼贴材料，而不是从特定的材料堆中拾取！事实上，我更喜欢这样，因为它符合“快乐意外”的理念，这是我的一个重要绘画方法。

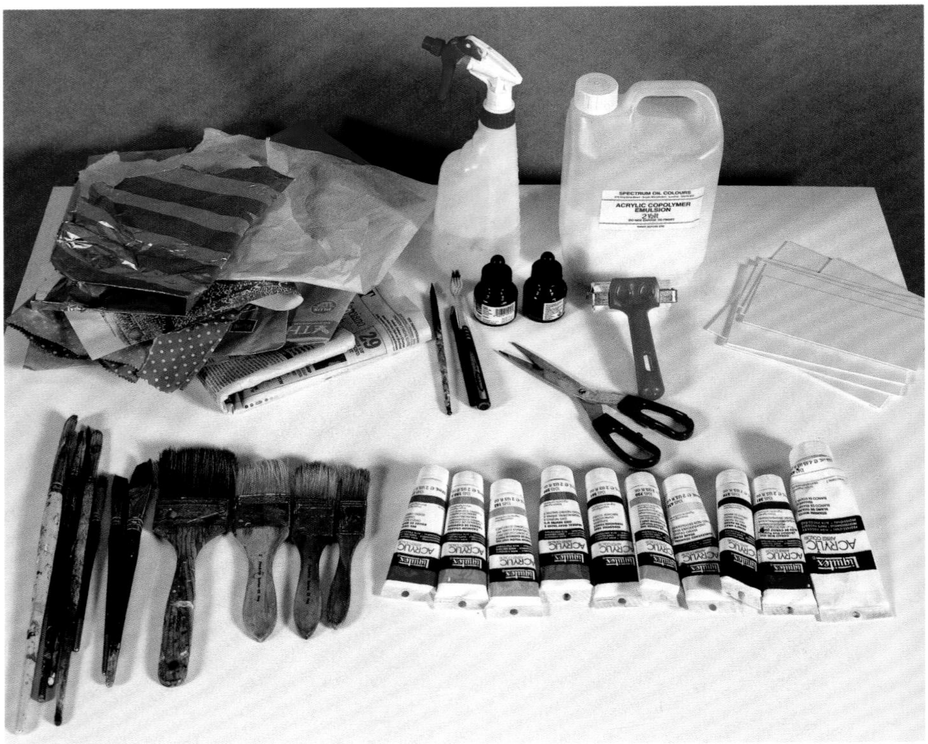

除了添加笔线和细节，我更喜欢站在画架前工作。这使我可以自由地后退以观察画面的整体效果。我用一大块硬纸板作为调色板，它被一张铝箔包裹，然后我将丙烯墨水和颜料混合在一起。当箔片不可再用时，我用干净的纸张替换它。通常，我有一系列相关的绘画同时进行，在一天的绘画中，我会从一张图移到另一张图。根据画面到达的阶段，我可能只需要在一幅画上花几分钟，但在另一幅画上花几个小时，然后再让它晾干。

上图：我常用的工具材料

在设计工作室时，照明始终是一个重要的考虑因素。我以前完全靠人造光工作——晚上，白天教学之后。现在，我通常会结合自然光和人造光。通过顶置荧光灯和不同的聚光灯，我可以设置各种暖光和冷光的效果以满足我想要的氛围和条件。

关键阶段

虽然我总是更关心每幅画在视觉冲击和使用颜色、肌理、设计和相同元素的吸引力方面的成功，而不是它与特定地方的相似之处，但我的起点通常是一个地点的绘图或场景的照片给我留下了特别深刻的印象。我从我收藏的大量参考资料中选择——速写本、攻略、绘图、缩略草图和照片——通常选择能够很好地协同创作的图像，并因此创作成适合展览的作品。

正如本书其他部分所述，绘画的发展通常涉及许多关键阶段：拼贴和彩色底色；使用丙烯颜料来引入肌理和基本形状；透明颜色湿染和拼贴创建一些定义；有时进一步使用丙烯颜料或拼贴画来简化和平衡感兴趣的领域；使用蘸水笔和油画棒以获得更多思考的线条和细节；最后，渲染工作。在接下来的两幅示范画中，非常清晰地展现了这个步骤。但首先，我想补充一些关于关键阶段的实用技巧。

关于从拼贴开始的一个重要观点是，它可以保持你的选项开放，并防止工作遵循狭窄的、可能是预先计划好的方向。我知道，对于许多艺术家来说，这是一个难以接受的方法，但这是我全力推荐的方法。因为，假以时日，它将带来意想不到的结果。我的建议是从大块拼贴开始，也许只有五六块。想想被撕裂和切割的拼贴形状如何相互关联以及它们与绘画的整体形状，但要保持它们非常抽象：它们不必在这个阶段特别暗示或类似于任何东西。

同样，通过第一次颜色的湿染和肌理的初始应用，我的目标是尽可能保持工作的自由和灵活。正如我所讨论的，我使用非常有限的调色板和大刷子，基本上添加宽边色带和色块，然后使用滚筒或卡片创建肌理区域。在这些早期阶段，思考主题之前的目标是创造一个有趣的底色。

然后考虑到主题，我可能决定保留底色区域，在适当的情况下，利用一些肌理和随机效果，或添加更多经过深思熟虑的标记、形状与墨水或拼贴。根据主题和绘画发展的方式，我会借助一些想法更具体地定义内容而不是别的。但是对于每一幅图像，我希望在暗示和传达有关主题的信息的元素与纯粹抽象的元素之间存在有趣的对比。

及时调整非常重要，虽然我的大多数绘画都遵循类似的创作过程，但没有单一的方法。绘画的挑战和乐趣的一部分是每幅画都是一种全新的体验——你永远不能确定会产生什么效果！

下图：波尔佩罗的船
（*Boat Patterns, Polperro*）
板上综合材料
23 cm× 43 cm

虽然我的灵感通常来自特定的地方，并记录在参考图画或照片中，但我主要关注的是绘画在视觉冲击和效果方面的成功。

步骤

照片可以作为有用的参考，特别是对于主题的一般形状和整体设计感。但是我从来没有将它们作为色彩参考：它们在这方面提供的信息太多了。我认为，对于绘画的和谐和冲击力，创造自己的配色方案要好得多。事实上，正如《贝里克街市场》（第 1 阶段）所展示的那样，我绘画时经常仅从铅笔画开始起稿，这让我可以自由地决定使用什么颜色。

现在，我通常在引入颜色和肌理之前用拼贴画开始每一幅画。但是在我的职业生涯早期，我常常会先用色彩湿染来遮盖白色表面，这就是《贝里克街市场》（第 2 阶段）所采用的方法。首先，我使用普通的植物喷雾器弄湿纸张，然后使用两种基本颜色——暖色和冷色——以及大刷子快速湿染，让它们彼此轻微混合。

接下来（第 3 阶段），我将白色丙烯颜料涂到卡片和滚筒上，将亮区放置在建筑物和下方的反射光之间。此外，我使用拼贴画，如果你将它与原始位置进行研究比较，你会发现基本上我用拼贴画来表示构图的主要形状。大多数情况下，我使用撕裂的纸张形状，以防止我变得过于挑剔，并创造一个更有趣的效果。

此后，这个过程逐渐完善，直到达到我满意的效果。我用一张小卡片和白色丙烯颜料进行了下一阶段的工作，在市场摊位上添加了价格标签和其他细节，同样，通过定义周围空间来暗示背景中的人物形状（第 4 阶段）。我还用一张卡片的边缘和钢笔、墨水添加了线条和细节。最后，我在必要时应用浅色湿染以压制那些区域，并进一步用笔和墨水绘制以强调一个或两个特征（第 5 阶段）。

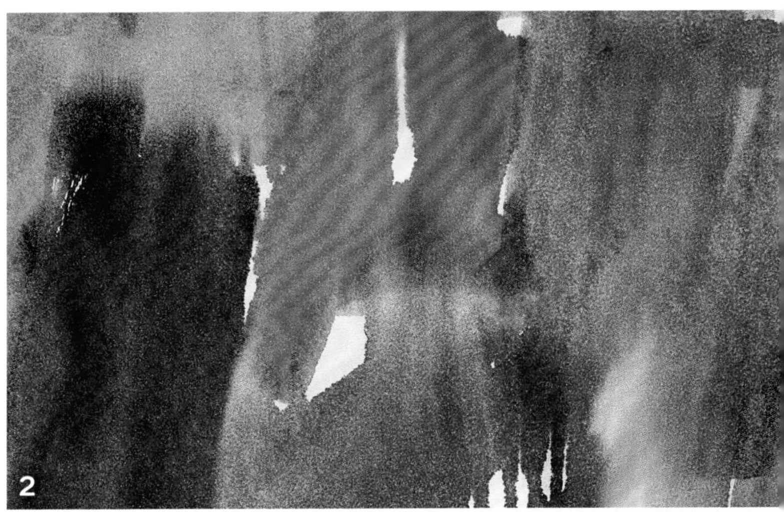

贝里克街市场（*Berwick Street Market*）
热压水彩纸上综合材料
48 cm× 66 cm

第 1 阶段：墨盒纸上素描。

第 2 阶段：用彩色湿染给白纸表面打底。

第 3 阶段：使用白色丙烯颜料和拼贴画来确定构图的主要元素。

第 4 阶段：进一步使用白色丙烯颜料来改善绘画区域。用蘸水笔和丙烯酸油墨画图。

第 5 阶段：为了完善这幅画，我使用稀释的丙烯墨水制成的彩色湿染，并用笔和墨水添加了一些细节。

下图：《贝里克街市场》局部的这个细节更清楚地展示了我对不同材料和技术的使用：拼贴、彩色湿染和钢笔画。

选择和决定

在每一幅画中，在你最终达到一个完成点之前，要做出数百个决定——什么时候做更多会减损而不是增加它的影响。决定可以直观地进行，也可以在绘画中仔细考虑或考虑特殊要求。有时，自发行为是好的，并且会对你的某些事情做出反应。在其他时候，你可能希望加强纵深感，例如，改善某些东西的颜色，或在某个区域创建更多的形状，这需要适当的思考和实践。

每个决定都会对整个画作产生一定程度的影响。实际上，一些决定可以产生深远的影响，并彻底改变创作的氛围或方向感。通常，关键决策涉及评

下图：艾萨克港的红色渔船
（*Red Fishing Boat, Port Isaac*）
板上综合材料
48 cm× 61 cm

一般来说，我更喜欢撕裂拼贴画更具表现力的品质，而不是切割出精确的形状，和这幅画中的许多底层拼贴形状一样。

估是否进一步发展特征或效果，或者是否适可而止。对于许多艺术家来说，都有一种想要一切完美的自然欲望。但一般来说，完美是一件坏事：它扼杀了原创性和自我表达能力，使一幅画变得平凡，而不是与众不同和令人兴奋。在大多数绘画中，这是在解决问题和不做太多事情之间取得平衡的问题。

例如《艾萨克港的红色渔船》一画，主船形状是相当粗糙的拼贴画，当时我打算改进，但在创作后期我决定不改了，因为我认为它在整个画面中看起来更好，否则它会显得过于精确了。同样在右侧，请注意有一块普通的新闻纸，上面有一些黑色圆圈。这些没有特别的意义，但它们是确保绘画不会变得过于复杂的一种方式；它们有不同的趣味领域。

有时需要做出艰难的决定来制服甚至消除那些花费你很多技巧和时间的东西。在《法夫圣莫纳斯的海港城墙》中，我最初在画作的左上角画了很多建筑物。这在构图中造成了上部分过于厚重的效果，所以我决定抹掉一些建筑物，并将这个区域作为画面中更宁静的部分，让它与右下方的区域产生平衡。

右图：法夫圣莫纳斯的海港城墙（*Harbour Wall, St Monans, Fife*）
纤维板上综合材料
71 cm×71 cm

有时需要简化区域以便总体上创建更令人印象深刻的结果。在这个例子中，我最初画了很多建筑物，但最终我决定，如果我简化了绘画的顶部，那么整体构图会更好。

自信地绘画

创作大尺寸绘画，我用丙烯打底的中密度纤维板（MDF）工作。当然，大尺寸为各种自由表达的技术提供了更大的空间，如《比尔海滩》所示。事实上，这幅画是房子的主人委托我制作的作品，背景是树木。我必须克服的第一个问题是以何种方式更加突出地识别房子，因为实际上它被树木很好地隐藏了。所以我不得不根据它的环境稍微移动它。我画了草图（第1阶段）并拍了一些照片。

与《贝里克街市场》相反，对于这幅画，我直接开始拼贴（第2阶段）。我使用了各种各样的材料，包括薄纸、金色包装纸、报纸及从杂志上撕下和切割的碎片，甚至是单页的一部分。你将看到形状大致对应原始图形的主要元素。例如，红色形状表示客户的房屋，左侧的棕色区域表示港口墙，薄纸的形状是树的线条。我总是试图平衡色彩与肌理、简约与复杂。

接下来，通过使用小滚筒刷和一些钛白色丙烯颜料，我添加了随机区域的光和肌理。当它们干燥后，我用水喷洒整个表面并用大刷子涂上两种基本颜色——中镉黄介质（管状丙烯颜料）和黑色FW丙烯墨水，使它们混合、滴落和流动。然后，再次喷涂表面，以促使更多的滴落和流动，如第3阶段所示，我开始使用浸在黑色FW丙烯墨水中的卡片的边缘绘制主要轮廓线。

在评估进程之后，我决定使用更多拼贴和丙烯颜料为主要形状添加一些内容（第4阶段）。我继续这个过程（第5阶段），也增强了纵深感和透视感。亮蓝色丙烯颜料和亮蓝色拼贴的使用以提高整体效果，并在必要时，我开始绘制和定义形状和肌理。

为了完成绘画（第6阶段），我主要使用黑白丙烯墨水和蘸水笔绘画细节。例如，我在前景中添加了龙虾笼和柱子，在船上添加了桅杆和编号以及山上的房子的更多细节。我淡化了一些前景色，并在其他区域精炼和统一了颜色。完成的作品用共聚乳液上光，并装以与油画相同风格的画框，不加玻璃。

比尔海滩（*Beer Beach*）
纤维板上综合材料
91.5 cm× 122 cm

第 1 阶段： 墨盒纸上铅笔画。速写显示主要形状和色调。

第 2 阶段： 从拼贴开始，暗示绘画的基本布局。

第 3 阶段： 安置一些通过使用蘸有黑色丙烯墨水的卡片绘制的关键形状。

第 4 阶段： 现在，我更明显地关注绘画的主要元素，使用拼贴和丙烯颜料绘制。

第 5 阶段： 引入蓝色丙烯颜料和拼贴画以增加效果，我开始在绘画中创造更好的纵深感和透视感。

第 6 阶段： 为了完成绘画，我研究细节，特别是前景区域。

1

2

3

4

5

6

实验

我们都想要从每幅画中获得最好的效果，这是很自然的。然而，某种程度上必须以合理的自由度和自发性来实现，否则存在一种危险，即完成的绘画虽然技巧非常熟练并且与原物体一致，但是看起来很平淡，不引人注目。对“完美”的追求容易引起对犯错误的恐惧，从而形成压抑的工作方式。为了增强信心并在仔细考虑的工作过程中和直观的绘画之间建立适当的平衡，我认为偶尔采用更实验性的方法是很好的。很多时候，如果没有要实现特定结果的压力，你可以自由地尝试不同的技术和想法，完成的绘画可能会令人惊叹。所以，不要害怕以纯粹的实验方式对待一些画作：享受自己，看看会发生什么。你可以把一些完成的但不太满意的画作扔进垃圾箱，这种舍弃也是一种激励，并且在绘画过程中的发现以及方方面面的经历都有助于未来的工作。见《金斯兰市场》。

下图：金斯兰市场（*Kingsland Market*）
拼贴和硬质纤维板上丙烯画
91.5 cm× 122 cm
不要害怕实验，大胆尝试新的技巧和表达想法的方法。

上图：汉普郡农场（*Hampshire Farm*）
非水彩纸上水彩画
58.5 cm× 58.5 cm

通过对绘画过程施加限制，无论是颜色还是材料和技术，你都将确保对作品有更多的控制和信心。

途径和方式

今天的艺术家可以选择各种各样的颜料和其他材料。然而，虽然这具有明显的优势，但同样存在混乱和不健全的创作过程的可能性。正如我在本书中强调的那样，我认为最成功的绘画源于一种基于自我限制的富有表现力且训练有素的方法。要创作具有真正统一感、完整性和影响力的绘画，必须在颜色、工具和技术方面保持一定的界限。

发现和获得信心的最佳方式是通过不同的材料和技术做实验，通过简单地尝试看看会发生什么。例如，首先考虑你要绘制的表面，因为这会对工作的最终效果产生重大影响。不是在白纸、卡片或纸板上绘画，而是尝试制作肌理或彩色表面。作为从绘画或拼贴画开始的替代方案，你可以使用旧画——可能是你放弃的水彩画——或者通过单幅其他画作或照片进行创作。将作品翻转过来，如果你想采用它的内容，可以在它上面涂上一层非常薄的白色丙烯颜料。同样，你可以将废弃的水彩画撕裂或切割成不同的形状来进行拼贴工作。

我强调保持有限色彩的优点，与此同时，绘画和标记制作工具的选择同样重要。再次，限制你的工具，只使用一个或两个不同的工具。例如，你可能决定只使用 5 cm 的刷子，以激励你在细节上发掘材质的优势和独特技巧。以同样的方式，使用卡片遮盖颜色，或使用卡片的边缘（浸入墨水或油彩）进行绘制，将产生有趣的结果并防止作品变得过于烦琐。我也喜欢使用滚筒刷、棍棒、羽毛和海绵。

走向抽象

毫无疑问，主题和绘画过程中发生的事情是所取得的抽象程度的影响因素，但似乎有些绘画自然会导致更抽象的结果。例如，《眺望艾萨克港》中，能将它与现实世界联系起来的东西非常少——除了屋顶和房屋形状的指示。有趣的是，像我的许多较大幅的、几乎抽象的作品一样，这个例子是基于一个更早、更具象的作品。当然，这是一种经过验证的开发抽象绘画的方式，通过大幅简化主题内容。如果忽略细节并仅仅根据形状和颜色来查看主题，而不是考虑特定的对象，那么画面将不可避免地具有强烈的抽象特点。

另一个关键点是主题和背景的概念。在具象作品中，要实现的最困难的事情之一就是要有令人信服的空间感和立体感。但这在抽象绘画中很少涉及，因为对象和空间通常被视为同等重要。在我的画作中，我喜欢结合抽象和具象的特质。例如，我将使用“抽象”的背景形状来定义特定对象并赋予其意义——也许是建筑物的形状。我喜欢负形和正形的相互作用，同样地，我也喜欢表现形式、抽象肌理、颜色以及绘画中更明显的描述性部分之间的对比。

也许在未来，我可能希望进一步采用这一过程，并更加强调抽象特点。当然，虽然抽象元素在我的工作中起着至关重要的作用，但我需要与现实保持一定的联系。我认为以这种方式创作令人兴奋的画作有巨大的空间。对于各种示范画，如《比尔海滩》所示，我总是从纯粹的抽象形状和颜色开始，并在此基础上发展绘画。从这个意义上来说，我是从抽象出发而不是走向抽象。但我同样希望我已经展示出了抽象绘画的潜力，特别是综合材料技术的运用。

右图：圣玛丽市场（*St Mary's Market*）
板上综合材料
91.5 cm× 122 cm

我特别喜欢这样的主题，在这些主题中，我可以在抽象的品质和可识别的形状之间形成强烈的对比。

左图：眺望艾萨克港
（*Looking Across to Port Isaac*）
纤维板上综合材料
61 cm× 91.5 cm

有些想法促使我更抽象地呈现画面，尽管我总是希望包含一些将绘画与特定地方联系起来的内容。

左图：阿马尔菲海岸
（*The Amalfi Coast*）
纤维板上综合材料
76 cm× 122 cm

我认为，这幅画在具象性和抽象性元素之间存在很好的平衡。

is always too good to be
splendour of gleaming nine
Topaz & Diamond
four brilliant white
comes

左图：静物和海港景观

（*Still Life and Harbour View*）

纤维板上综合材料

66 cm× 91.5 cm

尝试将背景视为绘画中同样重要的部分，其中形状、颜色和肌理可以为画面整体发挥重要作用，创造令人兴奋的效果。

创作示范

《马纳罗拉》

灵感

通常，主题具有吸引力的一个重要因素是其固有的抽象品质：我被那些具有明显图案感的主体所吸引。例如，我画意大利马纳罗拉村的灵感是受房屋一个挨着一个，环抱着悬崖的建筑方式的影响。我想在绘画中表现这种特质。但是你会注意到我已经压平了图案效果并强调了垂直线和水平线的划分，从而产生了更抽象的结果。

技术

我决定创作大尺寸作品。这允许大胆地处理，最初使用大块拼贴和应用滚筒涂抹出强烈的垂直色块。其他拼贴画部分，如棕榈树，以后再介绍。另外请注意，我一直保持我惯常使用的限定色调，基本上是暖色和冷色，在天空和海洋区域使用相同的蓝色，统一作品并创建一种“框架”以集中关注建筑和景观。

在我的许多画作中，当我意识到我开始夸大内容并涉及太多细节时，我就达到了一个阶段。这幅画也不例外，我不得不调整和简化一些区域，主要使用白色丙烯颜料和一张卡片。有时候必须保持非常积极的态度，或者为了重新确立作品的影响力与和谐感而承担一些风险。简单有效的图像通常比直接的具象图像更难实现。然而，在我看来，重要的是要记住，虽然主题可以激发你的灵感，但它决不应该决定你的创作方式。

右图：马纳罗拉（*Manarola*）
中密度纤维板上综合材料
76 cm× 91.5 cm

How posting a pound could rescue
per la casa
MBernard

图书在版编目（CIP）数据

建筑风景画技法：巧妙运用拼贴、色彩和肌理 /（英）迈克·伯纳德，（英）罗宾·卡邦著；艾红华译. —南宁：广西美术出版社，2020.5

书名原文: collage, colour and texture in painting

ISBN 978-7-5494-1864-0

Ⅰ. ①建… Ⅱ. ①迈… ②罗… ③艾… Ⅲ. ①建筑画－风景画－绘画技法 Ⅳ. ①TU204.11

中国版本图书馆CIP数据核字（2019）第227204号

First Published in Great Britain in 2010 by Batsford

An imprint of Pavilion Books Company Limited, 43 Great Ormond Street, London WC1N 3HZ

建筑风景画技法——巧妙运用拼贴、色彩和肌理

JIANZHU FENGJINGHUA JIFA—QIAOMIAO YUNYONG PINGTIE、SECAI HE JILI

著　　者　[英] 迈克·伯纳德　罗宾·卡邦
译　　者　艾红华
策划编辑　覃西娅　黄冬梅
责任编辑　黄冬梅　莫薛洁
版权编辑　韦丽华
校　　对　吴坤梅　卢启媚　梁冬梅
审　　读　肖丽新
封面设计　陈　欢
排版制作　李　冰
责任印制　莫明杰
出 版 人　陈　明
出版发行　广西美术出版社
地　　址　南宁市望园路9号　530023
网　　址　www.gxfinearts.com
市 场 部　（0771）5701356
印　　刷　广西昭泰子隆彩印有限责任公司
版　　次　2020年5月第1版第1次印刷
开　　本　889 mm × 1194 mm　1/16
印　　张　8
书　　号　ISBN 978-7-5494-1864-0
定　　价　68.00元